この ドリルの 使い方

このドリルには，楽しく解ける算数・数学の問題がたくさんつまっているよ。
このドリルを解いてみて，自分のあたまで考えるチ

きみの
3つの力を
のばす！

よみとき
（読解力）

なぞとき
（論理力）

ひらめき
（発想力）

2ステップ70問

すこしやさしめ～ふつうレベル

ステップ1（練習問題35問）は，きみの考える力の土台をつくるんだ

新しくつくられた問題だよ

かんがえるん（ふくろう）と
ひらめきん（うさぎ）が出すヒントを
読んで，解いてみよう。

すこしむずかしめレベル

ステップ2（過去問35問）は，より深く考えることが必要な問題だよ

実際に算数・
数学思考力検定
10級で出された
問題なんだ

問題文をよく読んでチャレンジ！
自分のペースでやってみよう

このドリルはみんなの
考える力を伸ばすよ

できたら，おうちの人に
答え合わせをしてもらおう！

全部で70問の問題が
のっているんだよ

解きおわったら，このドリルの後ろにある，「よくやったね！シート」にシールをはろう

ドリルのはじめには，「やったね！
すごい！シール」がついているよ

70問できたらおめでとう！
きみの考える力は超レベルアップ。
いっしょにがんばろう！

いっしょにがんばるお友だち

このドリルにたくさん出てくるお友だちだよ。
いっしょにがんばろう！

よみときちゃん
● 情報，条件を読み解くことが得意な女の子。
● いつも元気いっぱい！

なぞときくん
● 筋道を立てて考えることが大好きな男の子。
● いつだってあきらめない。

ひらめきん
● 物の形をイメージすることが大好きなうさぎ。
● いつも笑顔のやさしい子。

かんがえるん
● 自分のあたまで考えることができるふくろう。
● こまったときにそっと助けてくれるよ。

すうりょうきゃっと　　かたちいぬ　　へんかとまと

ばななでぃー　　ろんりぃー　　しこうりき

もくじ

1 かくれている ペンギンは なんわ?

数 算数内容 情 思考力

ペンギンが 10わ います。 かくれて いる ペンギンは なんわですか。

(1)

(2)

答え

(1) _____ (2)

2 おなじ カードは どれ?

空 算数内容 形 思考力

むきを かえた ときに, ⟨ZS⟩ と おなじに なる カードは

どれですか。あ〜おの 中から すべて えらびなさい。

ただし, カードは うらがえしては いけません。

あ　い　う

え　お

じっさいに
このドリルを
まわしてみても
いいよ。

 答え

3 くりかえし

変〈算数内容　　情〈思考力

ある　きまりで, 数が　ならんで　います。あ, いの　図の　どこかに　数を　かき入れなさい。

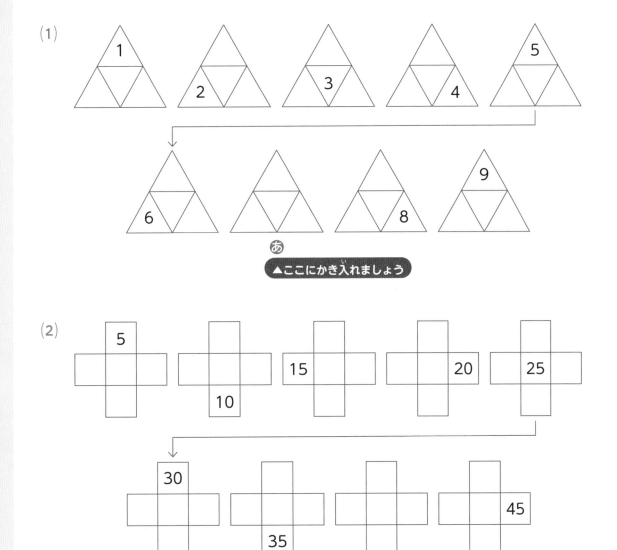

(1)

あ
▲ここにかき入れましょう

(2)

い
▲ここにかき入れましょう

どんな　数が,
どんな　ばしょに
入っているかな?

5

4 かさなって いる ところ

空 算数内容 形 思考力

右の [れい] のように，色が ついた 2つの
形を かさねると，かさなった ところは
白く なります。(1)，(2)の 2つの 形が
かさならず，色が ついて 見える ところを
黒く ぬりなさい。

[れい]

(1)

◀ここにかき入れましょう

(2)

◀ここにかき入れましょう

色が つくのは
どこかな？

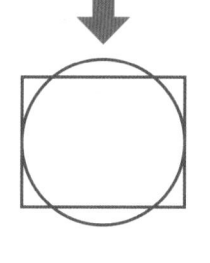

5 すきな どうぶつ

論 算数内容　筋 思考力

はるかさん，ゆうじさん，りささん，なおとさんが，いちばん すきな
どうぶつは，いぬ，ねこ，パンダ，ペンギンの どれかです。4人が
いちばん すきな どうぶつは みんな ちがいます。

つぎの ヒントを よんで，はるかさん，ゆうじさん，りささんが
それぞれ いちばん すきな どうぶつは，いぬ，ねこ，パンダ，ペンギン
の どれですか。

ヒント

❶ はるかさんは パンダが すきでは ありません。
❷ はるかさんと ゆうじさんは ねこが すきでは ありません。
❸ ゆうじさんと りささんは いぬが すきでは ありません。
❹ なおとさんは ペンギンが すきです。

答え

はるかさん…　　　　ゆうじさん…　　　　りささん…

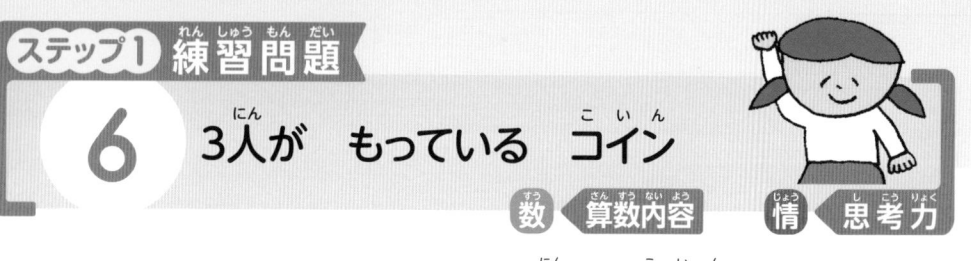

6 3人が もっている コイン

数〈算数内容　情〈思考力

かなとさん，くみさん，こうたさんの　3人は，コインを　12まいずつ
もらいました。3人が　コインを　下の　絵のように　もって　いる　とき，
それぞれ　コインは　あと　なんまい　ありますか。

(1)

かなとさん

(2)

くみさん

(3)

こうたさん

なんまいの
コインが
見えて　いるかな？

答え

(1)	(2)	(3)

7 おなじ ものは どれ?

空 算数内容 形 思考力

(1), (2)の ⬜ の中と おなじ ものを, それぞれ あ〜えの 中から 1つ えらびなさい。

(1)

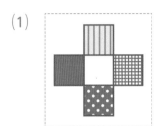

あ 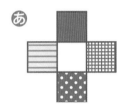　　い 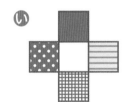　　う 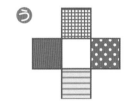　　え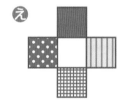

(2)

あ 　　い 　　う 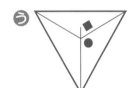　　え

答え

(1)　　　　　　　　(2)

数 算数内容　情 思考力

下の 図のように，たての 3つの 数を たした こたえと，よこの 3つの 数を たした こたえは おなじに なります。下の あ，いに 入る 数を こたえなさい。

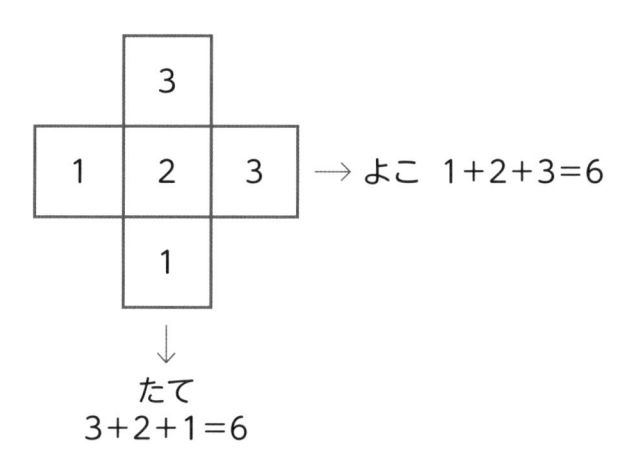

→ よこ 1＋2＋3＝6

↓
たて
3＋2＋1＝6

(1)

```
      4
  1   3   あ
      2
```

(2)

```
      4
 10   6   2
      い
```

まずは 3つの 数を たして みよう。

答え

(1)　　　　　　　(2)

10

空 算数内容　形 思考力

下の　図のように，おりがみが　6まい　かさなって　います。おりがみが
上から　なんばんめに　かさなっているか，したの　ひょうに，1から
6までの　じゅんばんを　かき入れなさい。

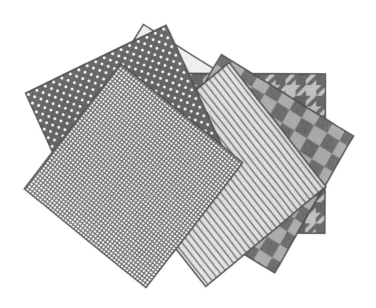

▼ひょうにかき入れましょう

ある　きまりで，もようが　くりかえされて　います。つぎの　(1)，(2)の
□ に　入る　もようを　かき入れなさい。

(1)

⇨ ⬌ ⤷ ⇨ ⬌ ⤷ ⇨ □ ⤷ ⇨ ⬌ ……

(2)

◎ ⊘ ○ ◖ ◎ ⊘ □ ◖ ◎ ⊘ ○ ◖ ……

もようは
なんしゅるい
あるかな？

答え

(1) _____ (2)

11 数の もんだい

数｜算数内容　　情｜思考力

(1) バスに 8人 のって います。5人 おりて，4人 のって きました。いま，バスには なん人 のって いますか。

(2) とりが 6わ とんで いくと，7わ のこりました。とりは はじめに なんわ いましたか。

数は どのように かわったかな？図に してみよう。

答え

(1)　　　　　　　　(2)

12 上から 見た 形

空 ▸ 算数内容　　形 ▸ 思考力

つぎの 絵は，つみ木を つんで，上から 見た ときに 見える 形です。
つみ木は どのように つんで いますか。
下の あ～えの 中から 1つ えらびなさい。

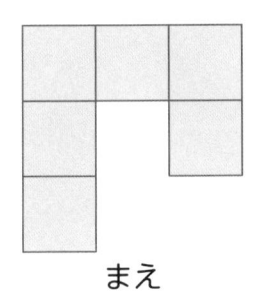

まえ

あ
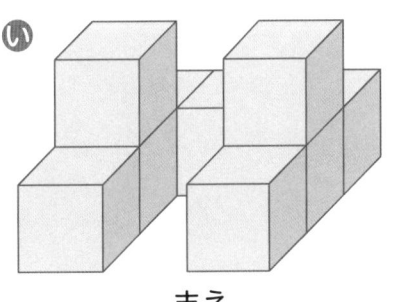

まえ

い
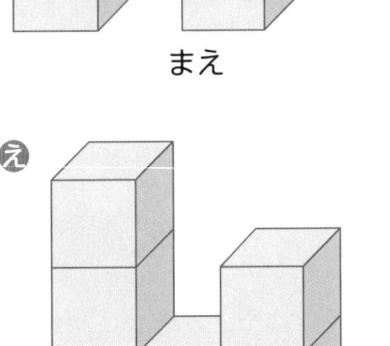

まえ

う
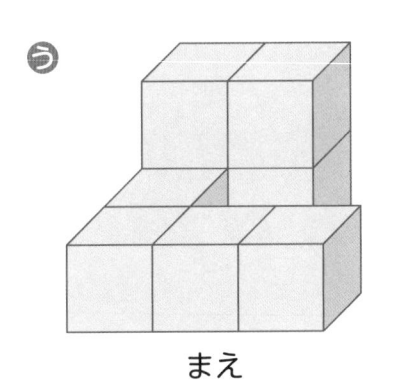

まえ

え
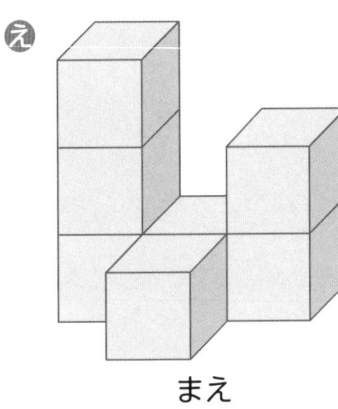

まえ

 答え

13 かえると どう なる?

変 ◀ 算数内容　　情 ◀ 思考力

あの パンダと キリンと うさぎと くまを, つぎのように, □, ○, △, ×の 形に かえて あらわすと, **い**のように なります。

おなじように, **う**の どうぶつを, □, ○, △, ×の 形に かえて, **え**に あらわしなさい。

▼ここにかき入れましょう

14 もって いる チョコレート

りゅうたさん，かなこさん，じゅんじさん，みおさんの　4人が
チョコレートを　もって　います。それぞれが　もって　いる
チョコレートの　こすうに　ついて，つぎのように　言って　います。

りゅうたさんより
3こ　すくないよ。

かなこさん

じゅんじさんより
13こ　多いよ。

みおさん

みおさんより
6こ　すくないよ。

りゅうたさん

チョコレートを　もって　いる　こすうが　いちばん　おおいのは，
だれですか。

答え

15 けんとさんを さがそう

論 算数内容　筋 思考力

下の 6人の 中に けんとさんが います。つぎの 4つの ヒントを
よんで, けんとさんを あ〜かの 中から えらびなさい。

ヒント

① けんとさんは, バットを もって います。
② けんとさんは, ゆうたさんの となりに います。
③ ゆうたさんは, ボールを もって います。
④ ゆうたさんは, すわって います。

ヒントと あわない
ものは けして いこう。

答え

16 あいて いる ところに 入る 数は?

数　算数内容　情　思考力

つぎの (1), (2)の あいて いる ところには, ある 数が 入ります。
それぞれ [れい]のように, あいて いる ところに あてはまる 数を
かき入れなさい。

(1) ある きまりで 数が ならんで います。

[れい]

10	8
4	6

▼下の図にかき入れましょう

15	13
	11

32	
26	28

	98
94	96

(2) 上の 2つの 数を たすと, 下の 数に なります。

[れい]

1	2
3	

▼下の図にかき入れましょう

2	3

4	
10	

	8
15	

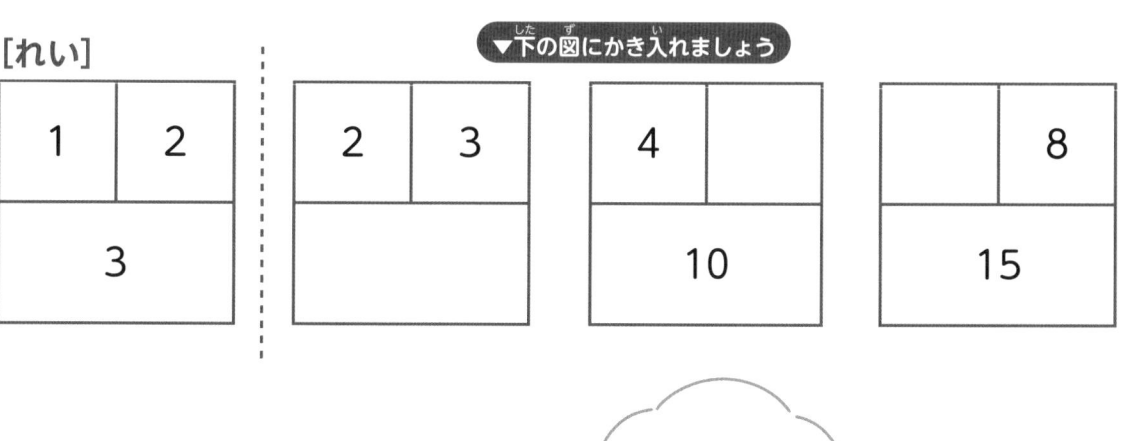

[れい] は
どんな
きまりかな?

17　おなじ　ボールを　むすぼう

空 算数内容　形 思考力

右の　絵は，おなじ　しゅるいの
ボールを　せんで　むすんだ　ものです。

このように，下の　絵の　おなじ
ボールを　せんで　むすびなさい。

ただし，せんが　かさなったり，わくの
外に　出たり　しては　いけません。

▼ここにかき入れましょう

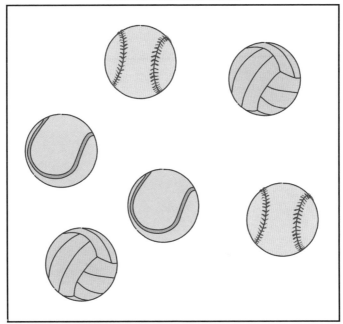

18 トランプを ひいて

数 算数内容 情 思考力

まおさんは, 下のような 1から 5までの トランプを 1まいずつ
もって いて, 1まいずつ いもうとに ひかせます。いもうとが 3まい
ひいた あと, いもうとが もって いる トランプの 数を たすと,
10に なりました。
このとき, まおさんが もって いる カードの 数を すべて
こたえなさい。

1から 5までを
たすと いくつに
なるかな？

答え

19 つみ木の 数

空 算数内容 形 思考力

さいころの 形を した つみ木を ならべます。
たとえば, 4この つみ木で, 右のように
ならべる ことが できます。
下の (1)〜(3)では, なんこの つみ木を
ならべて いますか。

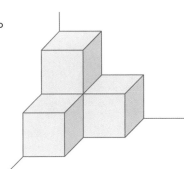

(1)

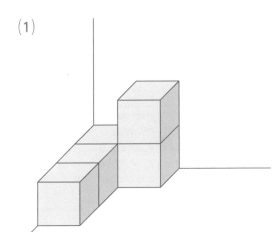

(2)

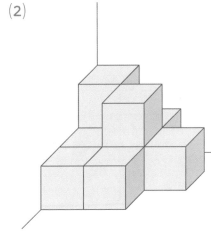

(3)

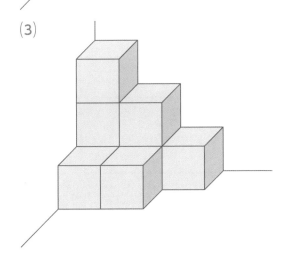

見えていない つみ木を
数え わすれないでね。

 答え

| (1) | (2) | (3) |

21

20 めがねと マフラーと ぼうし

変 算数内容　　情 思考力

つぎのような ひょうを つくりました。
たてには, いぬ・ねこ・ハムスターが ならんで います。
よこには, めがね・マフラー・ぼうしが ならんで います。

	めがね	マフラー	ぼうし
いぬ	あ	❶	❷
ねこ	❸	❹	❺
ハムスター	❻	い	❼

あには めがねを かけた いぬ, いには マフラーを まいた
ハムスターが 入ります。❶〜❼には, それぞれ どんな 絵が
入りますか。下の う〜けの 中から えらびなさい。

う　　え　　お　　か　　き　　く　　け

答え

❶	❷	❸	❹	❺	❻	❼

21 たべものの 絵

デ＜算数内容　　情＜思考力

クラスの みんなが すきな
たべものの 絵を，かべに
はりました。
つぎの もんだいに
こたえなさい。

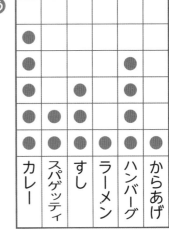

(1) 絵の 数を，下の ひょうに かき入れなさい。

たべもの	カレー	スパゲッティ	すし	ラーメン	ハンバーグ	からあげ
数 （まい）						

(2) (1)の ひょうを グラフに しました。正しい ものは どれですか。
　　あ～うの 中から 1つ えらびなさい。

あ

	●				
●	●	●			
●	●	●	●		
●	●	●	●	●	●
カレー	スパゲッティ	すし	ラーメン	ハンバーグ	からあげ

い

●					
●		●			
●	●	●			
●	●	●	●		
●	●	●	●	●	●
カレー	スパゲッティ	すし	ラーメン	ハンバーグ	からあげ

う

●					
●				●	
●	●		●	●	
●	●	●	●	●	
●	●	●	●	●	●
カレー	スパゲッティ	すし	ラーメン	ハンバーグ	からあげ

答え

(2) _____

22 おもさくらべ

論 算数内容　筋 思考力

おもさを　くらべました。おもい　じゅんに　名まえを　こたえなさい。

(1)

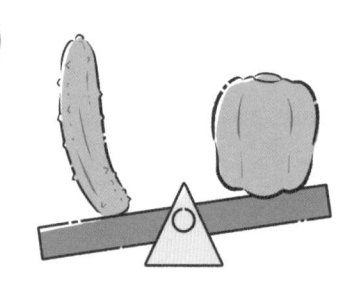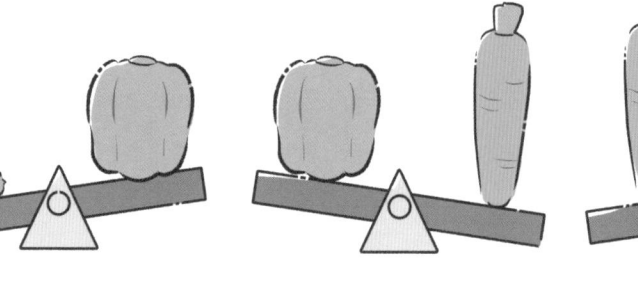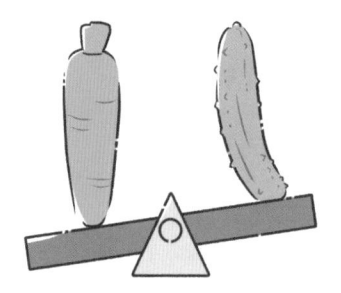

きゅうり　　ピーマン　　ピーマン　　にんじん　　にんじん　　きゅうり

(2)

オレンジ　　りんご　　キウイ　　オレンジ　　りんご　　キウイ

答え

(1) 　　　　→　　　　　→　　　　　(2) 　　　　→　　　　　→

23 よごれた メニュー

算数内容 数　情　思考力

ある　レストランでは，下のような　メニューが　あります。
よごれて　いて　見えない　ぶぶんが　ありますが，いちばん　ねだんが
たかいのは　カレーライスで，スパゲッティは　そのつぎに　たかいことが
わかって　います。かくれて　いる　数字は　いくつですか。

メニュー

カレーライス	880円
スパゲッティ	4円
えびドリア	870円

> スパゲッティは，
> カレーライスより
> やすくて，えびドリアより
> たかいよ。

答え

24 よこから 見た 形

空 ▸ 算数内容　形 ▸ 思考力

おなじ 大きさの つみ木を, かべの すみに ならべました。★の
かべは ガラスで とうめいに なって います。★の ガラスの かべの
ほうから 見ると, どのように 見えますか。下の あ〜えの 中から
1つ えらびなさい。

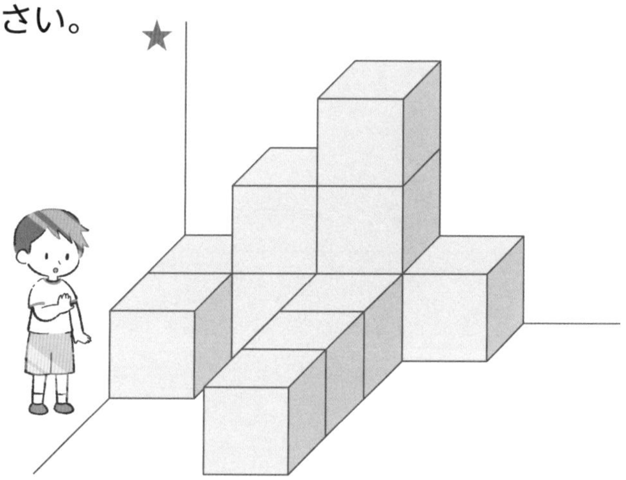

あ

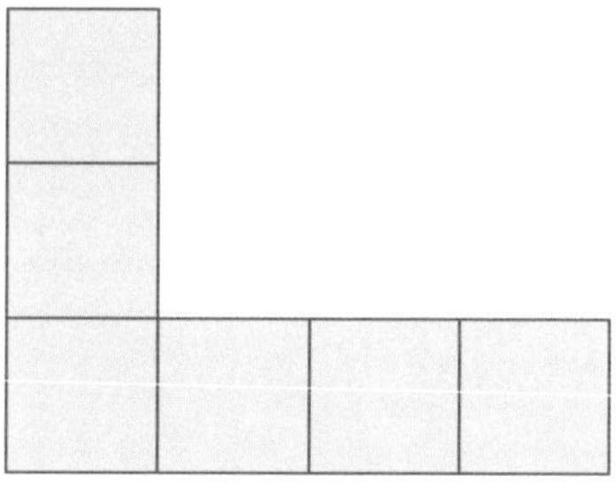

い

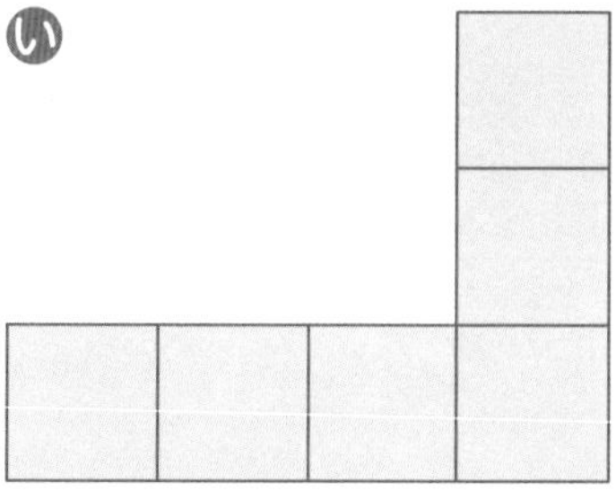

う

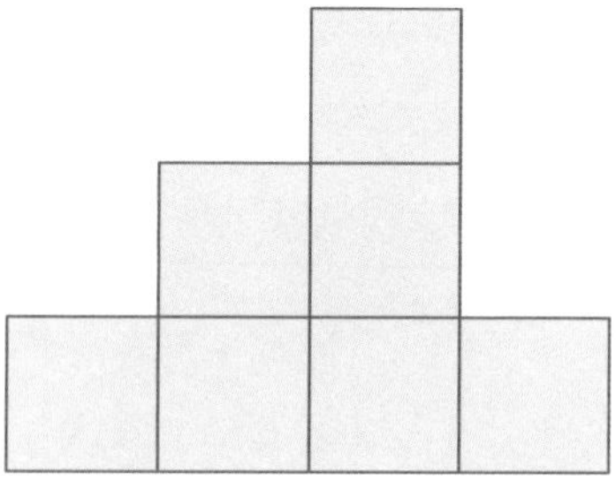

え

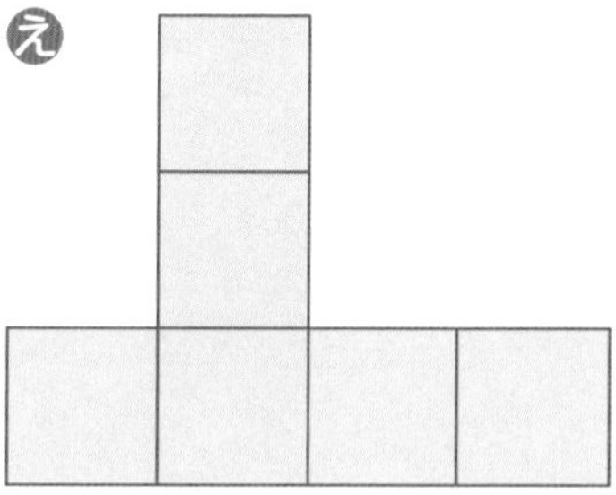

25 もって いる カード

数｜算数内容　情｜思考力

1から 9までの 数字が かかれた カードが 1まいずつ あります。
カードの 数を たした ごうけいが 15に なるように，さりなさんと
げんきさんと ゆずはさんが カードを 3まいずつ とったところ，
つぎのように なりました。あ～おに あてはまる 数字を こたえなさい。

2 あ 9　1 い う　え 5 お

ごうけいが 15に
なるのは，どんな
数の くみあわせかな？
あから かんがえると
いいかも。

答え

あ　　　　　　い　　　　　　う　　　　　　え　　　　　　お

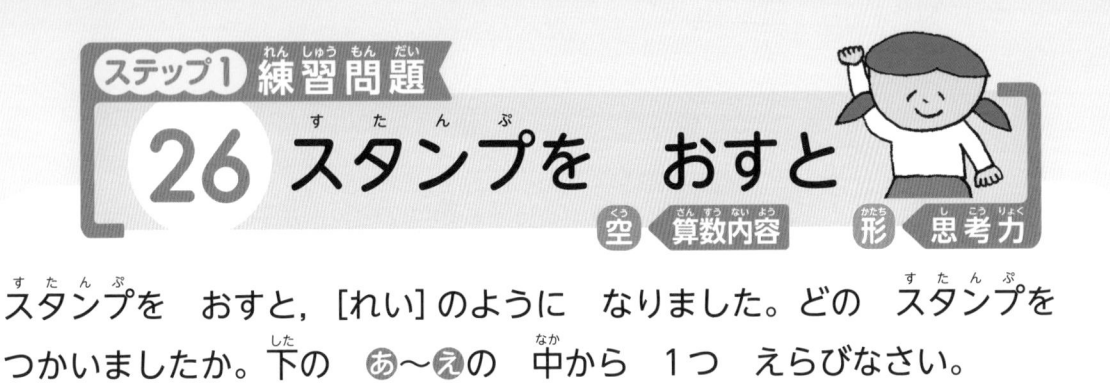

26 スタンプを おすと

空 算数内容 形 思考力

スタンプを おすと，[れい] のように なりました。どの スタンプを
つかいましたか。下の あ〜えの 中から 1つ えらびなさい。

[れい]

左右を
ぎゃくに すると，
どう 見えるかな？

 答え

_____

27 玉ころがし

変 算数内容 情 思考力

つぎのように，玉を ❶〜❹の じゅんに ころがすと，左の あなから

じゅんに  のように おちます。

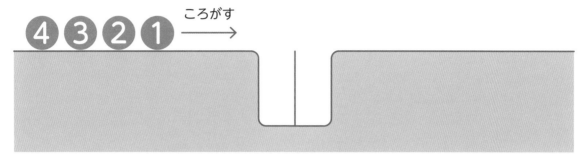

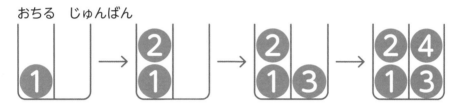

下の ◯と ●の 玉を じゅんに ころがすと，どう なりますか。

◯に，◯か ●を かき入れなさい。

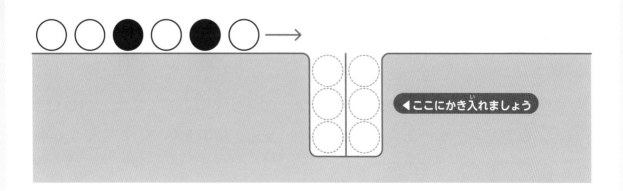

◀ここにかき入れましょう

28 どうぶつカード

数 算数内容（さんすうないよう）　情 思考力（しこうりょく）

ゆうとさんは　どうぶつカード（かあど）を　10まい　もっていて，ぜんぶを
1れつに　ならべました。つぎの　もんだいに　こたえなさい。

左（ひだり）　いぬ　　ねこ　　ねずみ　　らくだ　　ライオン（らいおん）　　ひつじ　……右（みぎ）

(1) ひつじカード（かあど）は　左（ひだり）から　6ばんめに　ならべました。ひつじカード（かあど）は，
右（みぎ）から　なんばんめに　ありますか。

(2) ライオンカード（らいおんかあど）は　左（ひだり）から　5ばんめに　ならべました。うさぎカード（かあど）は
右（みぎ）から　2ばんめに　ならべました。ライオンカード（らいおんかあど）と　うさぎカード（かあど）の
あいだには　なんまいの　カード（かあど）が　ありますか。

10まいが　1れつに
ならんで　いるよ。
図（ず）に　しよう。

答（こた）え

(1)　　　　　　　　(2)

論 算数内容　筋 思考力

下の あいて いる □の 中に, ○か △か ×を かき入れて,
どの たての れつにも, どの よこの れつにも, ○と △と ×が
1つずつ あるように しなさい。

▼ここにかき入れましょう

	△	
○		
		×

あいて いる
□を あ～かとして
かんがえよう。

つぎの 図の おりがみを, ❶, ❷の 点線（┈┈）で それぞれ おります。
この とき, あと かさなる 点は どれですか。図の い〜くの 中から
それぞれ えらびなさい。

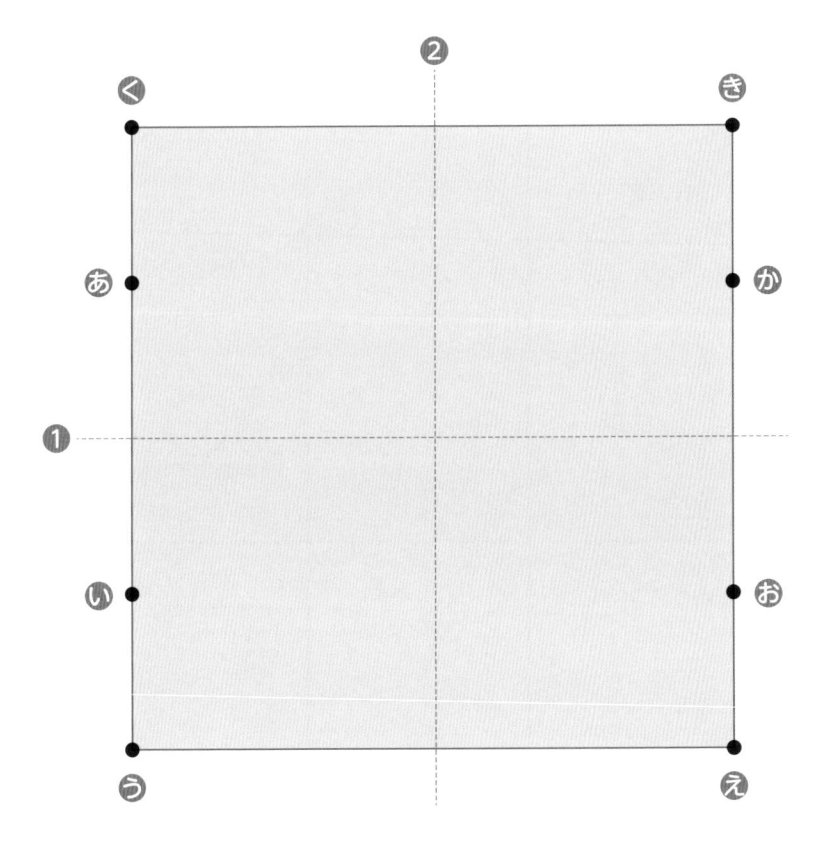

答え

❶ _____ ❷ _____

31 よんだ 本の ページの 数

論〉算数内容　筋〉思考力

はるかさん，まおさん，ゆうきさん，けんたさんの　4人が，本を
よみました。よんだ　本の　ページの　数を　くらべたら，
あ，い，うのように　なりました。

あ はるかさんが　いちばん　よんだ　ページの　数が　少なかった。

い まおさんは　けんたさんより　よんだ　ページの　数が
おおかった。

う ゆうきさんは，まおさんの　つぎに　よんだ　ページの　数が
おおかった。

よんだ　ページの　数の　おおい　じゅんに，4人の　名まえを
かきなさい。

ひとり　ひとりの
ページの　数を
くらべよう。

答え

　　　　　　　　→　　　　　　　　→　　　　　　　　→

32 形を くみあわせて

空 算数内容　形 思考力

①～③の 形を ばらばらに しました。あ～うを くみあわせても もとの 形に ならないのは どれですか。①～③の 中から 1つ えらびなさい。

① 　　　　あ 　　　　い 　　　　う

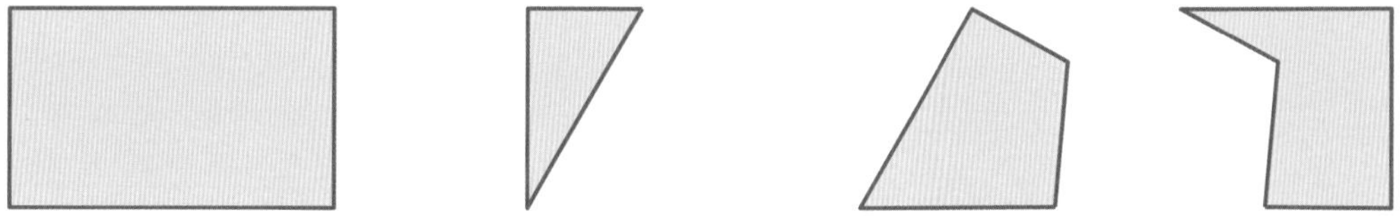

② 　　　　あ 　　　　い 　　　　う

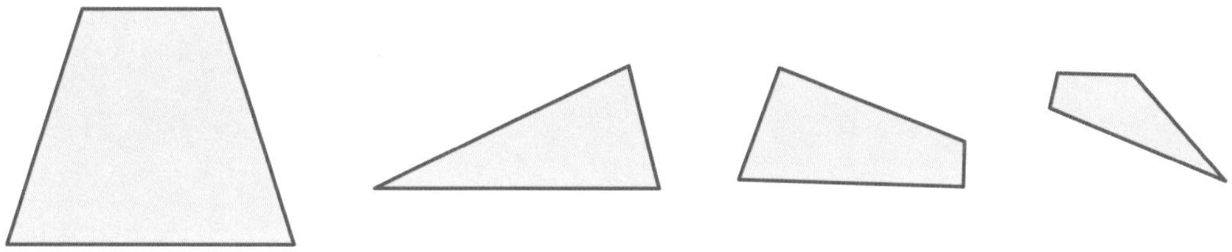

③ 　　　　あ 　　　　い 　　　　う

答え

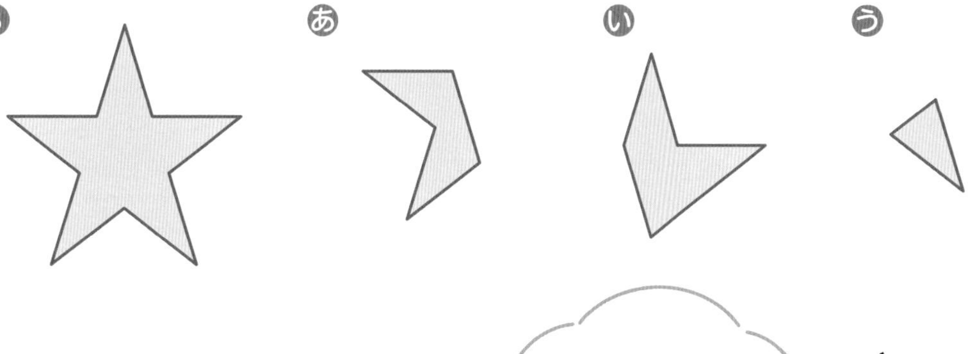

あ～うを
くみあわせた
形を そうぞう
しよう。

33 コインと こうかん

変 算数内容　情 思考力

金の コイン 1まいで みかん 4こ, ぎんの コイン 1まいで
みかん 2こ, どうの コイン 1まいで みかん 1こと
こうかん できます。

金のコイン ⟺ みかん　　　ぎんのコイン ⟺ みかん　　　どうのコイン ⟺ みかん

1まい　　4こ　　　　1まい　　2こ　　　　1まい　　1こ

(1) 金の コイン 1まいと, どうの コイン 1まいでは,
　　みかん なんこと こうかん できますか。

(2) 金の コイン 1まいと, ぎんの コイン 2まいでは,
　　みかん なんこと こうかん できますか。

 答え

(1)　　　　　　　　　(2)

34 うらがえすと

空 算数内容 形 思考力

目もりが 入った とうめいな いたに せんを ひいて うらがえすと,
せんは どのように なりますか。下の [れい]に ならって, (1), (2)に
せんを かき入れなさい。

[れい]

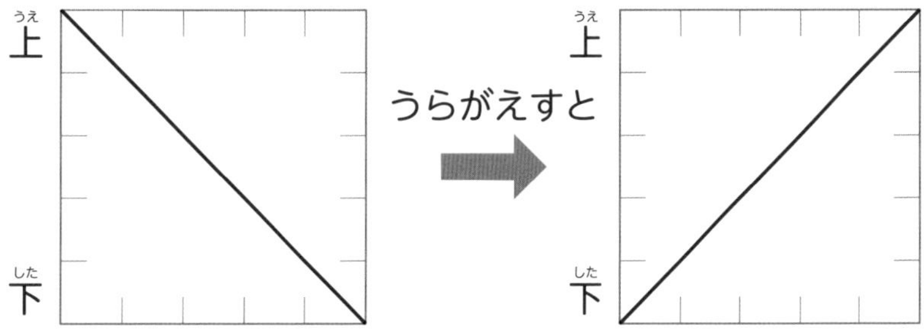

おもて　→ うらがえすと → うら

(1)　おもて　→ うらがえすと → うら

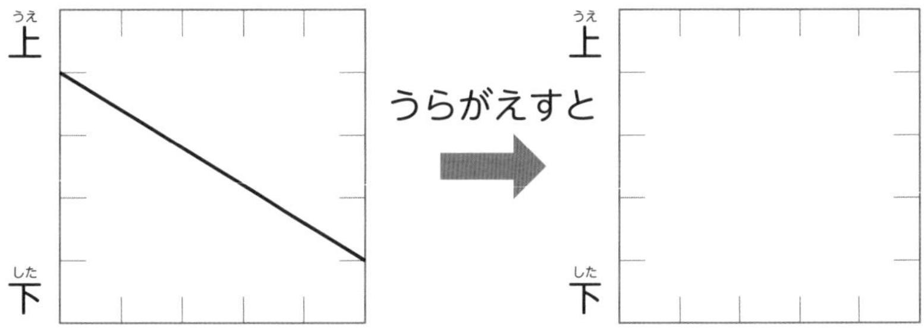

(2)　おもて　→ うらがえすと → うら

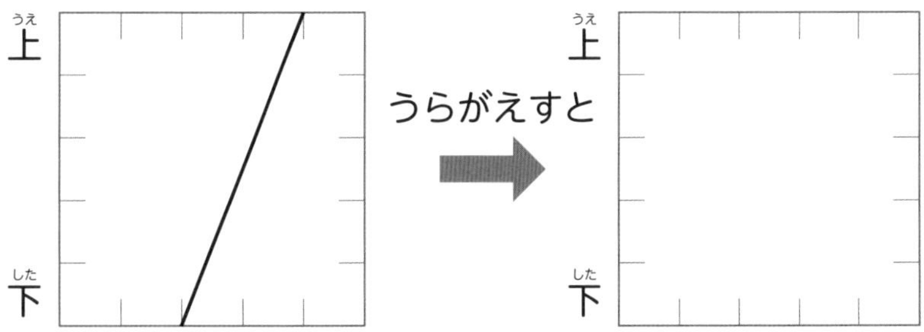

ここにかき入れましょう◀

35 さいころの 目の 数

数◀算数内容　情◀思考力

つぎの 絵のような さいころが あります。さいころは，ある目と
はんたいがわの 目の 数を たすと ぜんぶ 7に なるように
つくられています。たとえば，あの 目の 数は 6に なります。

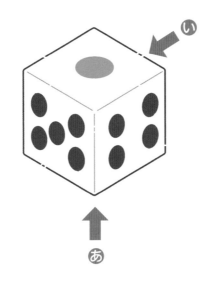

つぎの もんだいに こたえなさい。

(1) いの 目の 数は いくつですか。

(2) 見えている 目の 数を たした ごうけいと，見えていない 目の
数を たした ごうけいでは，どちらが いくつだけ 大きいですか。

 答え

(1)　　　　　　　　　　(2)

36　1，2，3，4の　数字

右の　図のように，たてに　4つ，よこに　4つの　マスが　ならんで　います。マスには，どの　たての　れつにも，どの　よこの　れつにも，かならず　1，2，3，4の　数字が　1つずつ　入ります。

また，太い　わくで　かこまれた　4つの　マスの　中にも，かならず　1，2，3，4の　数字が　1つずつ　入ります。

2	あ	4	
			3
い	1	3	
3		う	

つぎの　もんだいに　こたえなさい。

(1) あに　入る　数字は　なんですか。

(2) いに　入る　数字は　なんですか。

(3) うに　入る　数字は　なんですか。

つかえない　数字を　かんがえよう。

答え

(1) _____　(2) _____　(3) _____

37 かげ絵あそび

いろいろな 形の ブロックを 組み合わせて，かげ絵あそびを しました。
しかし，かげ絵あそびを した あと ブロックを 1つ うごかしたため，
組み合わせた ブロックの 形と かげ絵の 形が ちがっていました。
どの ブロックを うごかしましたか。(1)，(2)について，あ〜さの 中から
それぞれ 1つ えらびなさい。

(1) 組み合わせた ブロック　　　かげ絵

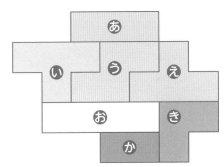

(2) 組み合わせた ブロック　　　かげ絵

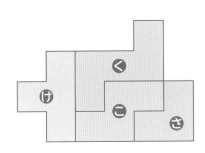 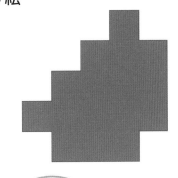

> ちがう ぶぶんを
> よく 見くらべて
> さがそう。

答え

(1)　　　　　　　(2)

38 家に 帰ろう

変 算数内容 情 思考力

下の 図で, たくみさんと れいかさんは 家に 帰る ところです。
たくみさんは, 1つ目の かどを 右, その つぎの かどを 左に
まがって, そこから 2つ目の かどを 右に まがると 家に つきます。
れいかさんは, 2つ目の かどを 左, そこから 2つ目の かどを 右に
まがって, まっすぐ 行くと 家に つきます。
たくみさんの 家と れいかさんの 家は どこですか。あ～この 中から
それぞれ 1つ えらびなさい。

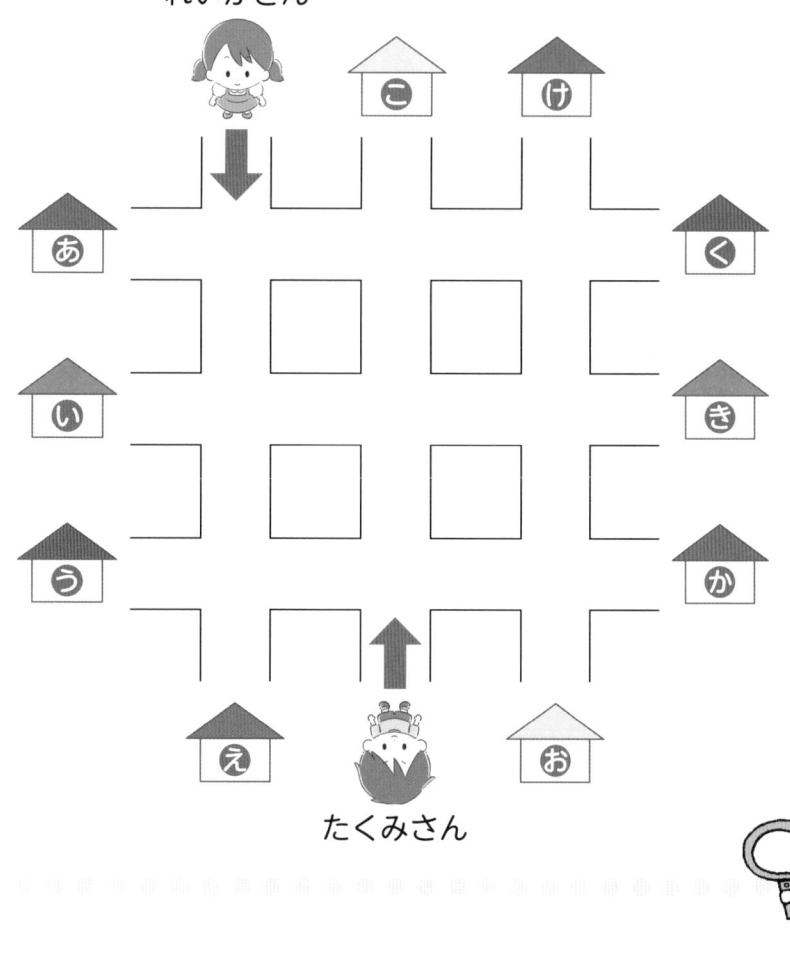

たくみさん…　　　　　れいかさん…

39 くふうして　数えよう

デ 算数内容　　情 思考力

下の　どんぐりの　数は　なんこですか。くふうして　数えなさい。

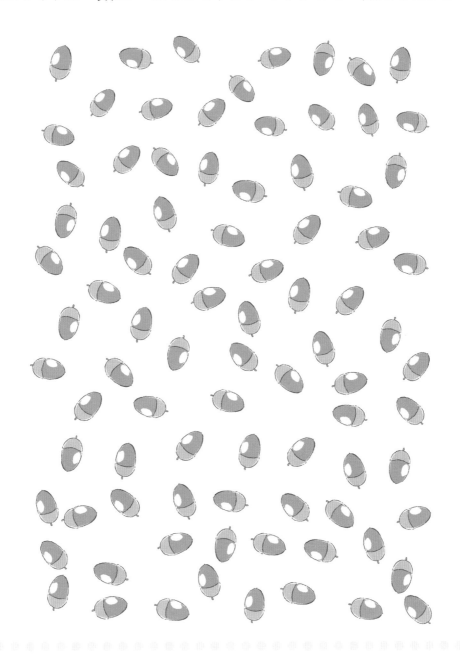

答え

40 おもさくらべ

論 算数内容　筋 思考力

○，×，□の　記ごうが　かかれた　はこが　あります。おなじ　記ごうの
はこは　おなじ　おもさです。下の　図のように　はこの　おもさを
くらべました。おもい　じゅんに　○，×，□の　記ごうを　かきなさい。

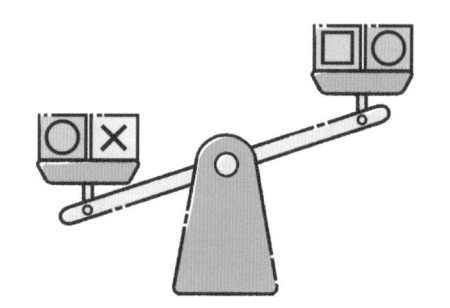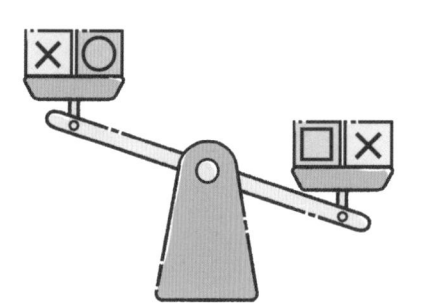

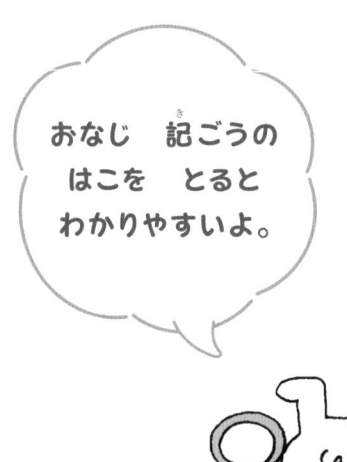

おなじ　記ごうの
はこを　とると
わかりやすいよ。

答え

　　　　　　　→　　　　　　　→

41 ひっ算を つくろう

数 算数内容　情 思考力

つぎの (1), (2)の □ の 中（なか）に, 0から 9までの 数（かず）を 入（い）れて,
こたえが 123に なるような, たし算（ざん）の ひっ算（さん）を つくりなさい。

▼□にかき入（い）れましょう

(1)

$$
\begin{array}{r}
7\ \square \\
+\ \square\ 2 \\
\hline
1\ 2\ 3
\end{array}
$$

▼□にかき入（い）れましょう

(2)

$$
\begin{array}{r}
\square\ 9 \\
+\ 3\ \square \\
\hline
1\ 2\ 3
\end{array}
$$

42 形を つくろう

空 算数内容 形 思考力

右の 図のように，と の 2つの 形を
つかって あの 形を つくります。
すると，太い せんで かいたように つくる
ことが できます。
おなじように，下の (1)，(2)で 3つの 形を
つかって い，うの 形を つくるには，どのように
すれば よいですか。-- の 上に 太い せんを
かき入れなさい。ただし，3つの 形は，
うらがえして つかっても かまいません。

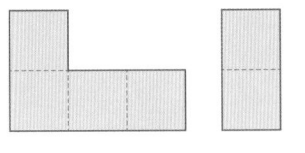

あ

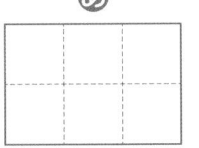

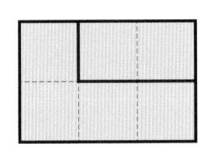

(1)

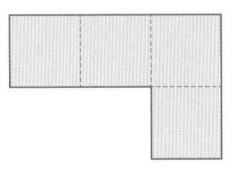 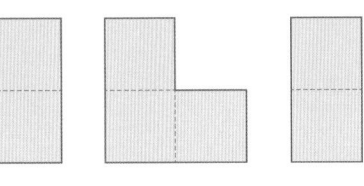 

い

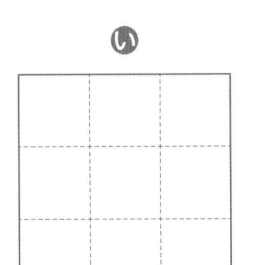

▲上の 図にかき入れましょう

(2)

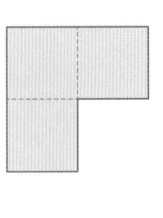 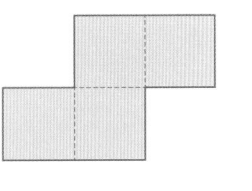 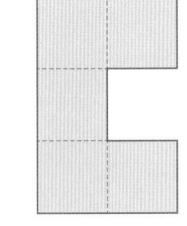 

う

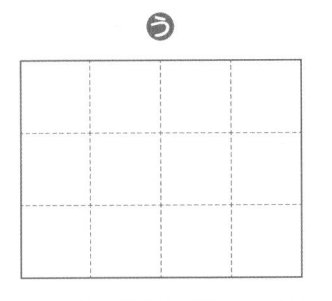

▲上の 図にかき入れましょう

43 数字が かかれた つみ木

変 算数内容 情 形 思考力

下の 図のような さいころの 形を した つみ木が あり, めんに 数字が かかれています。これを 矢じるしの むきに すべらないように ころがして, 上の めんに かいてある 数字について かんがえます。[れい] では, 1回 ころがすと, 上の めんの 数字が 1に なり, 2回 ころがすと, 上の めんの 数字が 4に なります。

[れい]

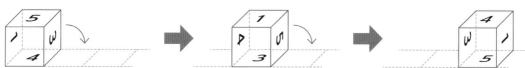

つぎの もんだいに こたえなさい。

(1) 右の 図の つみ木を 3回 ころがすと, 上の めんに かいてある 数字は いくつに なりますか。

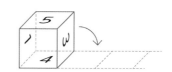

(2) 右の 図の つみ木を 4回 ころがした とき, 上の めんに かいてある 数字の ごうけいは いくつに なりますか。ただし, はじめの 上の めんの 5は 数えません。

答え

(1) _____ (2) _____

44 4まいの カード

数 算数内容　情 思考力

おもてと うらに 数字が かいてある 4まいの カードが あります。
どの カードも, おもてと うらの 数を たすと 12に なります。
カードを おもてに して ならべると, 下のように なりました。

| 4 | 7 | 10 | 6 |

つぎの もんだいに こたえなさい。

(1) 4 と 6 の カードの うらの 数字は それぞれ なんですか。

(2) ならべた カードの うらの 4つの 数を たすと,
いくつに なりますか。

答え

(1) 4 のうら…　　　　6 のうら…　　　　(2)

45 おなじ もよう

空＜算数内容　形＜思考力

左（ひだり）の　図（ず）の　もようと　おなじ　ものに　なるように，右（みぎ）の　図（ず）の
あいている　ところに，むきを　かんがえて　形（かたち）を　かき入（い）れなさい。

(1)

(2)

◀ 左（ひだり）の図（ず）にかき入（い）れましょう

(3)

46 ガムと クッキー

数 算数内容　筋 思考力

赤い はこと 黒い はこが 1つずつ あります。どちらの はこにも,
ガムと クッキーが なんこか 入って います。

赤い はこの なかみを 数えて みたら, ガムが 17こと クッキーが
12こ 入って いました。

赤い はこから 黒い はこに, ガムを 6こと クッキーを 8こ
うつすと, 黒い はこの 中は, ガムが 11こと クッキーが 15こに
なりました。

つぎの もんだいに こたえなさい。

(1) はじめに, 黒い はこには ガムと クッキーが それぞれ なんこ
　　入って いましたか。

(2) 赤い はこと 黒い はこを あわせると, ガムと クッキーは,
　　どちらの ほうが なんこ おおいですか。

ガムと クッキーを
べつべつに
かんがえてみよう。

答え

(1) ガム…　　　　　クッキー…　　　　　(2)

47 おりがみの おり目

空◀算数内容　　形◀思考力

下の 図のように おった おりがみを ひらくと, どのような おり目が ついて いますか。おり目が つく ところに 点せん (········) を かき入れなさい。

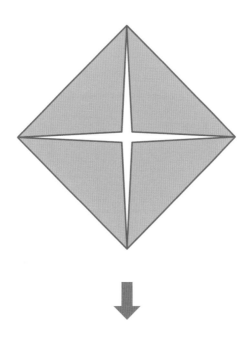

▼ここにかき入れましょう

48 カレンダーの 日にち

変 算数内容　　情 思考力

ある月の カレンダーから, 火曜日と 水曜日だけを 切りとったら,
下のように なりました。

⑤, ⑥, ⑦に あてはまる数を かきなさい。

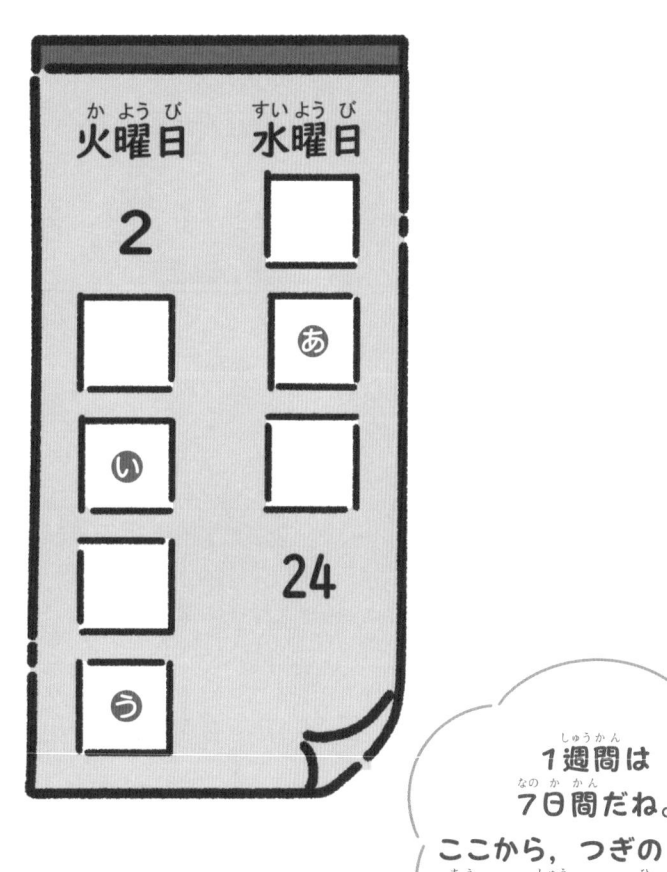

1週間は
7日間だね。
ここから, つぎの 週と
前の 週の 日にちを
考えよう。

⑤ ・ ⑥ ・ ⑦

答え

⑤	⑥	⑦

49 たして みよう

数 算数内容（さん すう ない よう） 情 思考力（し こう りょく）

つぎの しきの □に 1から 7までの 数（かず）を 1つずつ 入（い）れて，
しきが 正（ただ）しく なるように します。

3, 5, 6は かかれて いるので，「1, 2, 4, 7」を □に
かき入（い）れなさい。

▼下（した）のしきにかき入（い）れましょう

□ + 3 + □ + 6 = □ + 5 + □

1から 7までの
数（かず）を ぜんぶ たすと，
28だよ。
左右（さ ゆう）が ひとしく なるのは
14 + 14 = 28 だね。

51

50 おなじ つみ木は どれ?

空 算数内容 形 思考力

つぎのような つみ木に □, ○, ×を 1つずつ かきました。

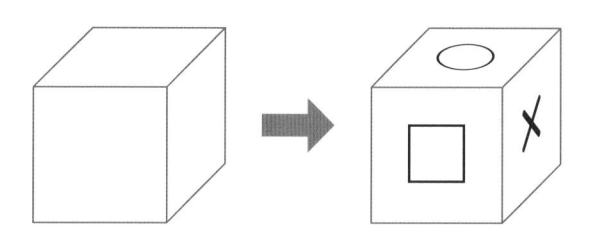

この つみ木と おなじ ものを, 下の あ～おの 中から 2つ
えらびなさい。

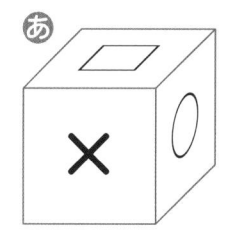

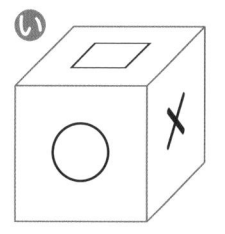

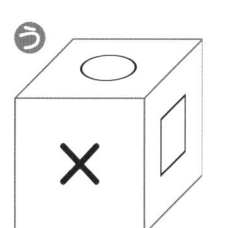

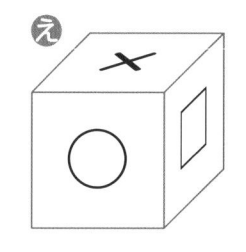

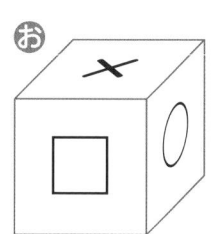

答え
_____

51 りんごと みかんを ならべて

変 算数内容 情 筋 思考力

下のように，みかんと りんごが  を くりかえすように，
左から じゅんに ならんで います。

まだ
つづきます。

つぎの もんだいに こたえなさい。

(1) 左から 16ばん目は みかんですか，りんごですか。

(2) 左から 24ばん目までの 中に，みかんは なんこ ありますか。

みかんと りんごは
どんな きまりで
ならんで いるかな？
図に してみよう。

答え

(1) _____   (2) _____

52 子どもの れつ

数 算数内容　　情 思考力

12人の 子どもたちが，1れつに ならんで います。まさとさんは，まえから 4ばん目です。
つぎの もんだいに こたえなさい。

(1) まさとさんは，うしろから なんばん目ですか。

(2) くみさんは，うしろから 3ばん目です。
　　まさとさんと くみさんの あいだには，
　　なん人の 子どもが いますか。

12人の 子どもの れつを 図に かいてみても いいね。

答え

(1) _____　(2) _____

53 矢じるしの ほうから 見ると

空 算数内容 形 思考力

さいころの 形を した つみ木を ならべます。右の あの つみ木を 矢じるしの ほうから 見ると, いのように 見えます。

下の (1), (2)の つみ木は, 矢じるしの ほうから 見ると, どのように 見えますか。

あ　　　　　　　　い

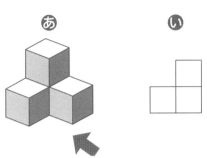

(1) う～かの 中から 1つ えらび, 記ごうで こたえなさい。

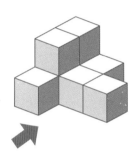

う　　　　え

お　　　　か

(2) どのように 見えるか, 図を かきなさい。

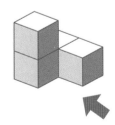

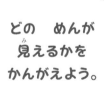

どの めんが 見えるかを かんがえよう。

答え

(1)　　　　　(2)

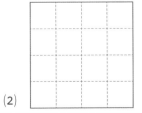

54 カードを　かえると…

変 ｜ 算数内容 ｜ 情 ｜ 筋 ｜ 思考力

●, ■, ★, ☀ の　4しゅるいの　カードが　あります。

● が　5まい　あつまると，■ 1まいと　かえる　ことが　できます。

■ が　5まい　あつまると，★ 1まいと　かえる　ことが　できます。

★ が　5まい　あつまると，☀ 1まいと　かえる　ことが　できます。

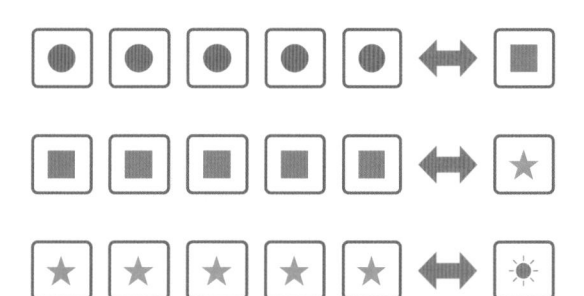

このとき，つぎの　(1)，(2)に　こたえなさい。

(1) さとしさんは，★ を　1まい　もって　います。これを　ぜんぶ
● に　かえると，さとしさんの　もって　いる　● は
なんまいに　なりますか。

(2) ゆうきさんは，☀ を　1まいと，★ を　2まい　もって　います。
これを　ぜんぶ　■ に　かえると，ゆうきさんの　もって　いる
■ は　なんまいに　なりますか。

答え

(1)　　　　　　　　　　(2)

55 テストの けっか

デ ＜ 算数内容 情 ＜ 思考力

ゆきさん，たくやさん，ごろうさん，くみさん，けんさんの 5人で 算数と 国語の ミニテストを しました。テストは どちらも 10点まん点です。左下の 図は，4人の テストの 点数を あらわした もので，たての れつは 算数の 点数，よこの れつは 国語の 点数を あらわして います。たとえば，ゆきさんは 算数が 6点，国語が 10点なので ➡ と ↑ の かさなる ところに **ゆき** と あらわします。このとき，下の (1)，(2)に こたえなさい。

算数と 国語の 点数

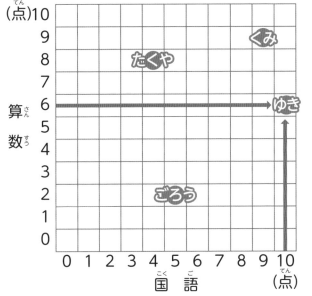

算数と 国語の 点数(点)

	算数	国語
ゆ き	6	10
たくや	8	あ
ごろう	い	5
く み	う	え
け ん	5	7

◀ 左の図にかき入れましょう

(1) 左上の 図を 見て，右上の ひょうの **あ**〜**え**に あてはまる 数を かきなさい。

(2) けんさんは，算数が 5点，国語が 7点でした。左上の 図の あてはまる ところに **けん** と かき入れなさい。

答え

(1) **あ**… 　　　**い**… 　　　**う**… 　　　**え**…

57

56 かけっこ

論 算数内容　筋 思考力

みきさん，まことさん，つよしさんの 3人が かけっこを しました。
つぎの ヒントから，3人の 名まえを ゴールした じゅんに
かきなさい。

ヒント

❶ みきさんは，まことさんより 先に ゴールしました。

❷ つよしさんは，まことさんより 先に ゴールしました。

❸ みきさんは，いちばんで ゴールしませんでした。

ヒントから
じゅんばんを
まとめると いいよ。

答え

　　　　　　　　→　　　　　　　　→

57 ふくろと おかし

数 算数内容　情 思考力

ふくろには，ビスケットが 8まい，せんべいが 5まい 入って います。
この 中から，ビスケットと せんべいを あわせて 5まい とり出したら，
ふくろの 中の ビスケットと せんべいの 数が おなじに なりました。
ビスケットと せんべいを それぞれ なんまい とり出しましたか。

ふくろ →

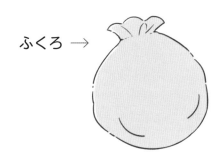

ビスケットと
せんべいの
数の ちがいは
なんまいかな？
図に しよう。

答え

ビスケット…　　　　　　　　せんべい…

58 色を かえて まわすと?

空 算数内容 形 思考力

下の 図のように, はじめに 黒の ■を 白の □に, 白の □を 黒の ■に かえます。

つぎに, 上と 下が さかさまに なるように まわします。

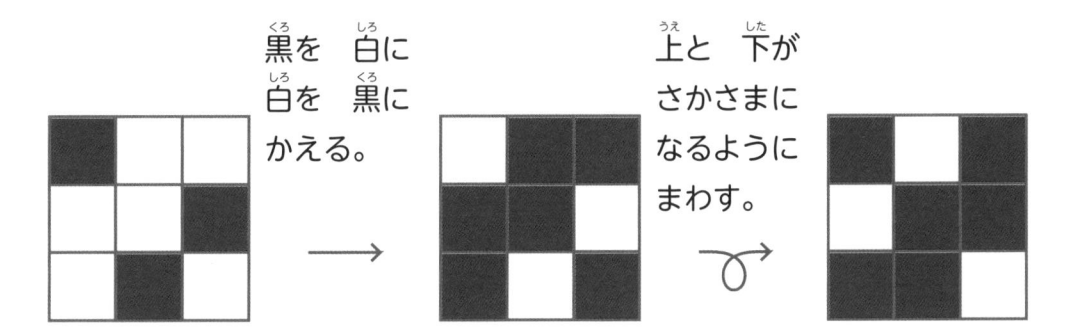

おなじように して, 下の ❶と ❷の 図で 黒に なる ところを, えんぴつで ぬりつぶしなさい。

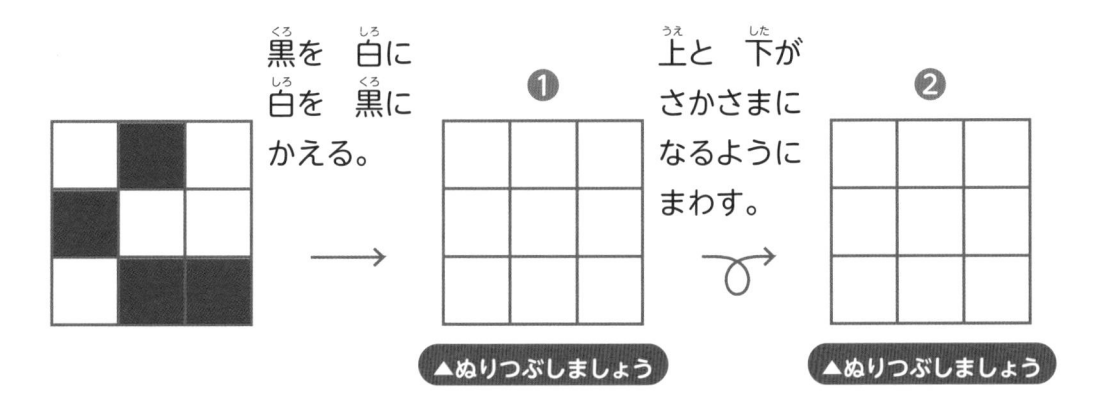

59 りんごと みかん

変 算数内容 情 筋 思考力

下のように，みかんと りんごが みかん りんご みかん 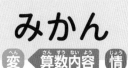 を くりかえすように，左から じゅんに ならんで います。

↑
まだ
つづきます。

はるきさんと さらさんが，下のように，左から 1こずつ じゅんばんに とって いきます。はるきさんが とった りんごが ちょうど 3こに なった とき，さらさんは なんこの りんごを とって いますか。

はるきさん　さらさん　　はるきさん　　さらさん　　はるきさん　さらさん

↑
まだ
つづきます。

つづきを じぶんで
図に かいてみよう。

答え

60 3月の カレンダー

デ 算数内容　情 思考力

ある年の　3月の　カレンダーを
つくります。
数字の　1を　1こと，数字の
6を　1こ　つかうと，◯　で
かこんだ　16が　できます。
このように　して，ある年の
3月の　カレンダーを　つくる
とき，つぎの　もんだいに　こたえなさい。

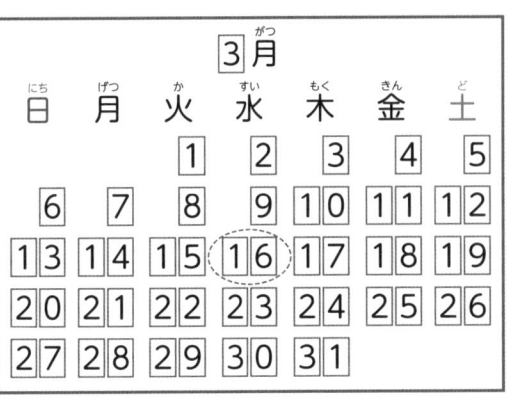

3月

日	月	火	水	木	金	土
			1	2	3	4	5
6	7	8	9	10	11	12
13	14	15	16	17	18	19
20	21	22	23	24	25	26
27	28	29	30	31		

(1) 数字の　5は　ぜんぶで　なんこ　いりますか。

(2) 数字の　3は　ぜんぶで　なんこ　いりますか。3月の　3も
入れなさい。

(3) 数字の　9は　数字の　6を　さかさまに　して　つかう　ことに
します。数字の　6は　ぜんぶで　なんこ　いりますか。

(4) いちばん　おおく　つかう　数字は　なんですか。また，なんこ
つかいますか。

答え

(1)	(2)	(3)

(4) いちばん　おおく　つかう　数字…　　　　　つかう　数…

61 どうぶつ村の マラソン大会

論 算数内容　筋 思考力

下の　5まいの　しゃしんは，どうぶつ村の　マラソン大会で，りす，さる，うさぎ，パンダ，ぶた，いぬ，ねこが　走り，ちょうど　りすが
1ばん目で　ゴールした　ときの　ものです。
この　とき，5ばん目に　走って　いた　どうぶつは　なんですか。

答え

62 計算しよう

数 算数内容 情 思考力

(1) ゆみさんは, けしゴムを 1こと, えんぴつを 1本 買いました。
けしゴムは 1こ 42円で, えんぴつは, けしゴムより 6円
たかい ねだんでした。
ぜんぶで, いくらに なりましたか。

(2) おかしが 5こずつ 入った はこが, 7はこ あります。
おかしを 10こ 食べました。おかしは, なんこ のこって いますか。

ぜんぶの 数が
いくつなのかが
だいじだよ。

答え

(1)   (2)

63 とりわけた ケーキ

空 算数内容 情 形 思考力

上に フルーツが のって いる ケーキが あります。フルーツは, ある
きまりの じゅんに まるく ならんで います。ケーキを
12とうぶんして, (1)と (2)の ぶぶんを とりわけました。
(1)と (2)の ぶぶんに あったのは, それぞれ あ〜かの うち
どれですか。記ごうで こたえなさい。

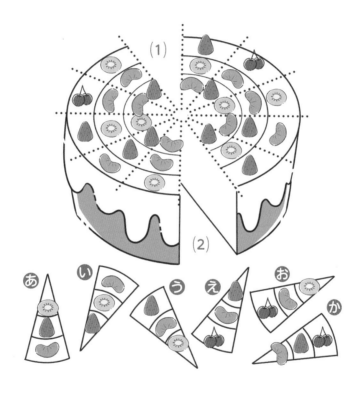

フルーツの
ならびの きまりを
かき出して
みよう。

答え

(1) _____ (2) _____

64 だれでしょう？

論 算数内容　筋 思考力

6人の 男の子が います。下の 5つの ヒントを よんで, けんたさん,
しょうごさん, ともやさんを あ～かの 中から さがしなさい。

ヒント

① けんたさんは ボールを もって いません。

② けんたさんは しょうごさんの となりです。

③ ともやさんは けんたさんの となりです。

④ しょうごさんは ぼうしを かぶって います。

⑤ ともやさんは めがねを かけた 人の となりです。

あ　　い　　う　　え　　お　　か

答え

けんたさん…　　　　　しょうごさん…　　　　　ともやさん…

65 テストの 点数

デ 算数内容　　情 思考力

算数と 国語の テストが 4回ずつ ありました。この テストに ついて, 下の もんだいに こたえなさい。

(1) かなみさんの 算数の 点数は つぎのように なりました。

❶ 2回目は 1回目より 3点 あがりました。
❷ 3回目は 2回目より 5点 さがりました。
❸ 4回目は 3回目より 6点 あがりました。

かなみさんの 算数の 点数が いちばん たかかったのは, なん回目の テストですか。

(2) かなみさんの 国語の 点数は つぎのように なりました。

❶ 2回目は 1回目より 4点 さがりました。
❷ 3回目は 2回目より 2点 あがりました。
❸ 4回目は 3回目より 5点 さがって, 4回目の 点数は 85点でした。

国語の テストの 1回目の 点数は, なん点でしたか。

点数を せんで あらわす 図を かいて みよう。

答え

(1) ＿＿＿＿＿＿＿＿＿＿＿ (2) ＿＿＿＿＿＿＿＿＿＿＿

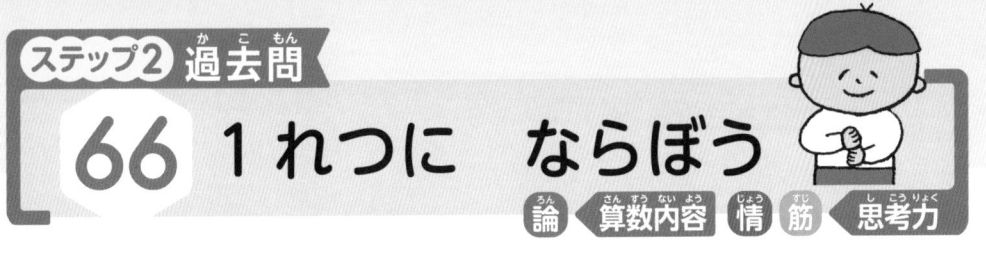

66 1れつに ならぼう

論（ろん） 算数内容（さんすうないよう） 情（じょう） 筋（すじ） 思考力（しこうりょく）

なん人（にん）かの 子（こ）どもたちが, まえを むいて 1れつに ならんで います。その 中（なか）に, ななこさん, じゅんこさん, りゅうじさんも 入（はい）って います。

つぎの 3人（にん）の はなしから, ななこさんが まえから なんばん目（め）に いるか こたえなさい。

ななこさん 「わたしと りゅうじさんの あいだに, じゅんこさんが いるわ。」

じゅんこさん 「わたしと ななこさんの あいだには 3人（にん） いるよ。」

りゅうじさん 「ぼくは まえから 5ばん目（め）に いるよ。ぼくと じゅんこさんの あいだには 5人（にん） いるよ。」

1れつの ならびを 図（ず）に することが 大切（たいせつ）だよ。

答（こた）え

67 ふくろと くだもの

数 算数内容　筋 思考力

(1) りんごと みかんが 入った 青い ふくろと 赤い ふくろが
あります。
青い ふくろには, りんごが 15こ, みかんが 6こ 入って います。
青い ふくろから 赤い ふくろに りんごを 7こ, みかんを 3こ
うつしたので, いま, 赤い ふくろには, りんごが 12こ, みかんが
9こ 入って います。
では, はじめに 赤い ふくろには, りんごと みかんが それぞれ
なんこ 入っていましたか。

青い ふくろ→　　　　　赤い ふくろ→

(2) 黄色い ふくろの 中に, なしが 7こ, かきが 6こ 入って います。
この 中から, なしと かきを あわせて 5こ とり出したら,
ふくろの 中の なしと かきの 数が おなじに なりました。
なしと かきを それぞれ なんこ とり出しましたか。

黄色い ふくろ→

答え

(1) りんご…　　　　　みかん…　　　　(2) なし…　　　　　かき…

68 かがみに うつすと

空〈算数内容　　形〈思考力

かがみに　うつすと，どのように　見えますか。下の　あ〜えの　中から
1つ　えらびなさい。

 答え

69 ミニテスト

デ＜算数内容　情＜思考力

2年1組で，算数と　国語の　ミニテストを　しました。テストは
どちらも　10点まん点です。下の　図の　→↑の　ところは，算数が
4点，国語が　9点だった　人が　3人　いた　ことを　あらわして　います。
下の　図で，算数と　国語の　点数が　おなじだった　人は，ぜんぶで
なん人ですか。

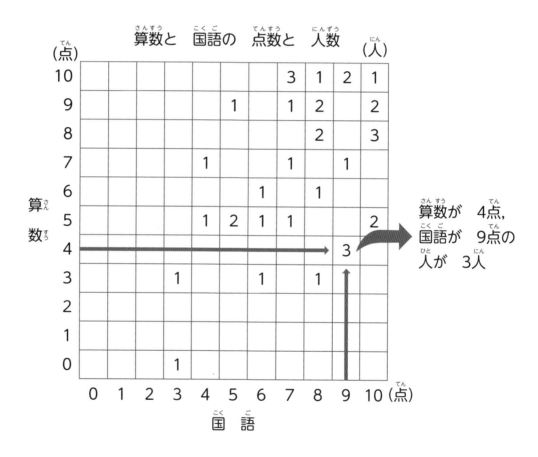

算数と　国語の　点数と　人数

算数＼国語	0	1	2	3	4	5	6	7	8	9	10	(人)
10								3	1	2	1	
9					1			1	2		2	
8									2		3	
7					1				1		1	
6								1		1		
5					1	2	1	1			2	
4										3		
3				1				1	1			
2												
1												
0				1								

算数が　4点，
国語が　9点の
人が　3人

答え

70 さいころの 形の はこ

空＜算数内容　形＜思考力

おなじ さいころの 形を した はこが あり，すべての はこには
リボンが ついて います。リボンは へんの まん中を とおって
います。この はこを 図のように ならべました。それぞれ はこに
かこまれて あなの あいて いる ぶぶんに，おなじ さいころの 形を
した はこは なんこ 入りますか。

あなの あいて いる
ぶぶんに せんを
かいて くぎって
みよう。

答え

1 かくれている ペンギンは なんわ? ……P3

もんだいの文から，ペンギンは10わいること
をおさえましょう。あとは，絵のペンギンの数
を数えて，たりない数がいくつかをもとめます。

(1)

かくれているペンギン

4わ見えていますから，かくれているペン
ギンは，10－4＝6（わ）

(2)

かくれているペンギン

7わ見えていますから，かくれているペン
ギンは，10－7＝3（わ）

答え (1) 6わ (2) 3わ

2 おなじ カードは どれ？ ……P4

むきをそろえたときの形をかんがえましょう。
あ，い，う，え，おのむきをそろえると，下の
ようになります。

あ　　い　　う　　え　　お

ZZ　ZS　ZS　SS　SS

ですから，こたえはい，うです。
あたまの中でそうぞうしにくいばあいは，この
ドリルをまわしてみてもよいでしょう。

答え い，う

3 くりかえし ……P5

(1) △の中の数は，上，左，まん中，右のじゅ
んにならんでいます。また，数は1つずつ
ふえています。ですから，左の6のつぎは，
まん中に7が入ります。

(2) ✛の中の数は，上，下，左，右，まん中
のじゅんにならんでいます。また，数は5
ずつふえています。ですから，下の35のつ
ぎは，左に40が入ります。

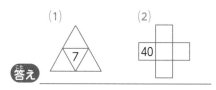

(1)　　　　　(2)

答え _____

4 かさなって いる ところ ……P6

(1) 2つの○がかさならないところをかんがえ
て，黒くぬります。

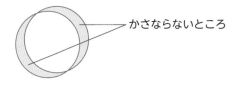

かさならないところ

(2) ○と□がかさならないところをかんがえて，
黒くぬります。

ぬりわすれがないようにし
ます。

(1)　　　　　(2)

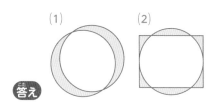

答え

5 すきな どうぶつ ……… P7

ヒント❶〜❹をひょうにすると，つぎのように
なります。

	いぬ	ねこ	パンダ	ペンギン
はるか		×	×	
ゆうじ	×	×		
りさ	×			
なおと				○

なおとさんがペンギンをすきなことから，つぎ
のようになります。

	いぬ	ねこ	パンダ	ペンギン
はるか		×	×	×
ゆうじ	×	×		×
りさ	×			×
なおと	×	×	×	○

はるかさんがすきなどうぶつは，ねこ，パンダ，
ペンギンではないことから，いぬです。

ゆうじさんがすきなどうぶつは，いぬ，ねこ，
ペンギンではないことから，パンダです。

りささんがすきなどうぶつは，のこったねこで
す。

このように，ひょうや図にしてせいりしながら
かんがえると，まちがいにくくなります。

答え はるかさん…いぬ，ゆうじさん…パンダ，
りささん…ねこ

6 3人が もっている コイン ……… P8

コインは，ぜんぶで12まいなので，もってい
るコインの数をひくと，のこりのコインの数が
わかります。

(1) かなとさんは5まいもっています。

●●●●●○○○○○○○
のこりのコイン7まい

$12 - 5 = 7$

(2) くみさんは8まいもっています。

●●●●●●●●○○○○
のこりのコイン4まい

$12 - 8 = 4$

(3) こうたさんは3まいもっています。

●●●○○○○○○○○○
のこりのコイン9まい

$12 - 3 = 9$

答え (1) 7まい　(2) 4まい　(3) 9まい

7 おなじ ものは どれ？ ……P9

(1) ■が左がわにくるように，あ〜えの図をう
ごかします。

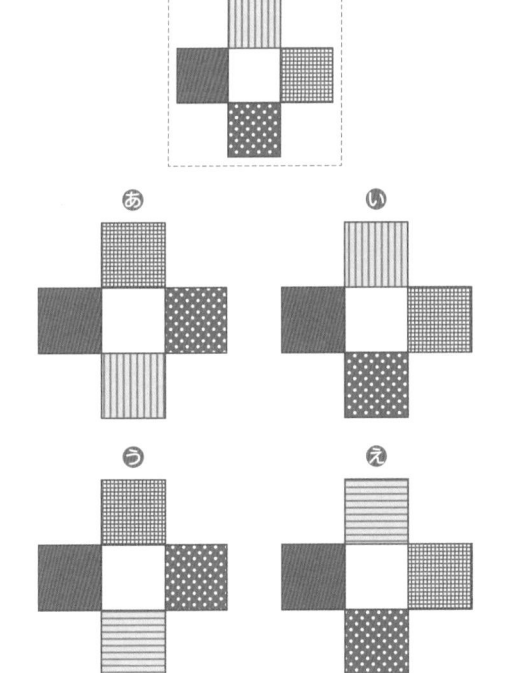

ですから，おなじものはいです。

(2) △の形になるように，あ〜えの図をうご
かします。

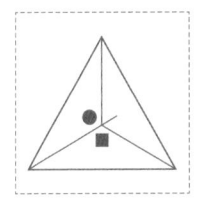

74

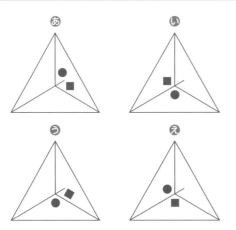

ですから，おなじものは<ruby>え<rt> </rt></ruby>です。
がらのむきや，記ごうの左右のいちに気をつけましょう。

答え (1) ⓘ　(2) ⓔ

8　3つの 数を たした こたえ……P10

(1) たてをたすと， $4+3+2＝9$
よこをたしたこたえも9になるので，
$1+3+ぁ＝9$ から， $4+ぁ＝9$
ぁは， $9-4＝5$ となります。

(2) よこをたすと， $10+6+2＝18$
たてをたしたこたえも18になるので，
$4+6+ぃ＝18$ から， $10+ぃ＝18$
ぃは， $18-10＝8$ となります。

答え (1) 5　(2) 8

9　かさなった おりがみ……P11

2まいずつくらべていきます。
▨ と ▧ をくらべると，▨のほうが上です。
▧ と ▥ では，▧のほうが上です。
▥ と ▦ では，▥のほうが上です。
▦ と ▨ では，▦のほうが上です。
▨ と ☐ では，▨のほうが上です。
ですから，上からじゅんに，

1　2　3　4　5　6　となります。

4	3	2	1	6	5

10　きまりを 見つけよう……P12

(1) ⇨ ⬌ ⬀ の3つのもようがくりかえされているので，⇨のつぎの ⬚ には ⬌ が入ります。

(2) ◎ ◔ ○ ◖ の4つのもようがくりかえされているので，◔のつぎの ⬚ には ○ が入ります。

答え (1) ⬌　(2) ○

11　数の もんだい……P13

つぎの図のようにあらわしてみるとわかりやすくなります。

(1) はじめに8人のっていた

↓

5人おりた

↓

4人のってきた

このことから，バスには，いま，
$8-5+4＝7$（人）のっていることがわかります。

(2)

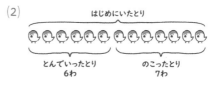

このことから，とりははじめに，
6＋7＝13（わ）いたことがわかります。

答え (1) 7人　(2) 13わ

12 上から　見た　形 ……… P14

つみ木を上になんだんつんでも，上から見ると
1つしか見えません。ですから，あ〜えを上から見ると，つぎのように見えます。

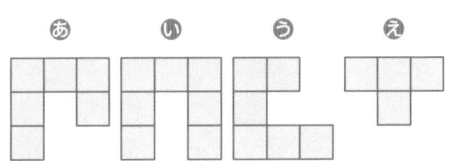

こたえはあです。

答え あ

13 かえると　どう　なる？…… P15

🐼を□，🦒を○，🐰を△，🐨を×にそれぞれまとめてかえていくと，まちがえません。

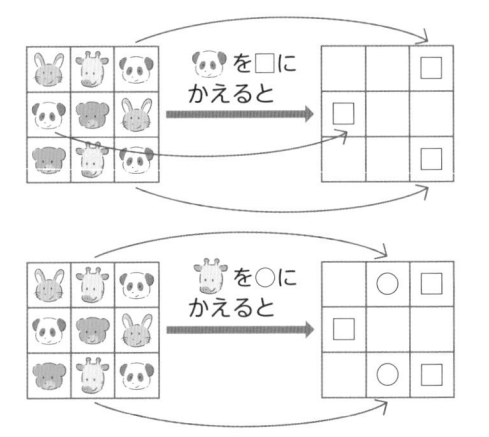

おなじように，🐰を△，🐨を×にかえると，つぎのようになります。

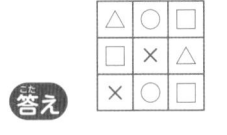

答え

14 もって　いる　チョコレート ……… P16

みおさんとりゅうたさんのはなしから，みおさんを目やすにして，じゅんじさん，みおさん，りゅうたさん，かなこさんのじゅんにかんがえて，4人がもっているチョコレートのこすうをせんであらわすと，つぎのようになります。

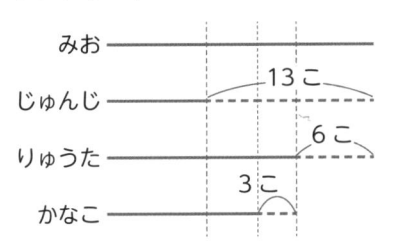

ですから，チョコレートをもっているこすうがいちばんおおいのはみおさんです。

答え みおさん

15 けんとさんを　さがそう……… P17

ヒント❸と❹から，ゆうたさんはボールをもっていて，すわっていることがわかります。ですから，ゆうたさんはあかうです。

ヒント❷から，けんとさんはゆうたさんのとなりにいますから，いかえです。

ヒント❶から，けんとさんはバットをもっていますから，けんとさんは(え)とわかります。

答え (え)

16 あいている ところに 入る 数は? …P18

(1) [れい] を見ると，左上(10)，右上(8)，右下(6)，左下(4) のじゅんに，2ずつへっていますから，あいている左下には，11－2＝9が入ります。
あいている右上には，32－2＝30が入ります。
あいている左上を(あ)とすると，(あ)－2＝98より，(あ)＝98＋2＝100
なので，100が入ります。

(2) 上の2つの数をたすと下の数になるので，あいている下の数は，2＋3＝5が入ります。
右上のあいているところを(い)とすると，4＋(い)＝10より，(い)＝10－4＝6
なので，6が入ります。
左上のあいているところを(う)とすると，(う)＋8＝15より，(う)＝15－8＝7
なので，7が入ります。

答え (1)

15	13
9	11

32	30
26	28

100	98
94	96

(2)

2	3
5	

4	6
10	

7	8
15	

17 おなじ ボールを むすぼう …P19

[れい] を見ると，1つはまっすぐなせんでむすんでいます。まっすぐにむすぶボールをきめてから，せんでむすんでいきましょう。むすび方はつぎの4つの絵などのようになります。

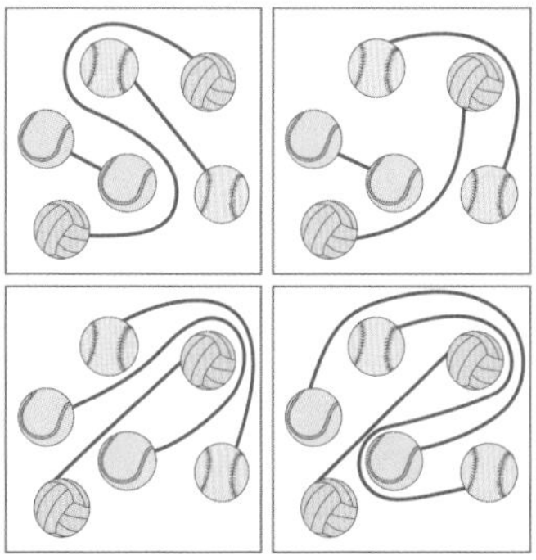

答え

18 トランプを ひいて ……………P20

1から5までの数をたすと，
1＋2＋3＋4＋5＝15です。いもうとがもっているトランプの数をたすと10なので，まおさんのもっている2まいのトランプの数をたすと，15－10＝5になります。たして5になる2まいは，1と4か，2と3です。

答え 1と4（2と3）

19 つみ木の 数 ……………P21

(1) 下のだんに4こ，上のだんに1こありますから，4＋1＝5（こ）のつみ木をならべています。

(2) 下のだんに7こ，上のだんに2こありますから，7＋2＝9（こ）のつみ木をならべています。

(3) 下のだんに5こ，まん中のだんに2こ，上のだんに1こありますから，5＋2＋1＝8（こ）のつみ木をならべています。
見えていないつみ木を数えるのをわすれないように気をつけましょう。
絵では見えていなくても，上につみ木がのっているということは，その下にもつみ木があるとわかります。

答え (1) 5こ　(2) 9こ　(3) 8こ

20 めがねと マフラーと ぼうし……P22

あといを見ると，たてとよこに入っている絵が
くみあわせられていることがわかります。

❶には，マフラーをまいたいぬが入りますから，
おです。

❷には，ぼうしをかぶったいぬが入りますから，
きです。

❸には，めがねをかけたねこが入りますから，
うです。

❹には，マフラーをまいたねこが入りますから，
くです。

❺には，ぼうしをかぶったねこが入りますから，
かです。

❻には，めがねをかけたハムスターが入ります
から，けです。

❼には，ぼうしをかぶったハムスターが入りま
すから，えです。

答え ❶ お ❷ き ❸ う ❹ く
❺ か ❻ け ❼ え

21 たべものの 絵……………P23

(1) 数えやすいように，記ごうをつけてみます。

○	△	○	□
★	▲	□	■
○	○	○	▲
□	○	□	△

カレーは，○をつけた5まい。

スパゲッティは，△をつけた3まい。

すしは，□をつけた4まい。

ラーメンは，★をつけた1まい。

ハンバーグは，▲をつけた2まい。

からあげは，■をつけた1まい。

(2) (1)で数えたそれぞれの数と，●の数があっ
ているかをたしかめます。

あ…カレーの●が3こなので，まちがいです。

い…正しいグラフになっています。

う…スパゲッティの●が2こなので，まち
がいです。

答え

(1)

たべもの	カレー	スパゲッティ	すし	ラーメン	ハンバーグ	からあげ
数(まい)	5	3	4	1	2	1

(2) い

78

22 おもさくらべ ……………… P24

(1) きゅうりはピーマンよりおもく，にんじんもピーマンよりおもいので，ピーマンがいちばんかるいことがわかります。

にんじんはきゅうりよりもおもいので，にんじんがいちばんおもいことがわかります。

ですから，おもいじゅんに，にんじん→きゅうり→ピーマンとなります。

(2) オレンジはりんごよりもおもく，オレンジはキウイよりおもいので，オレンジがいちばんおもいことがわかります。

キウイはりんごよりもかるいので，キウイがいちばんかるいことがわかります。

ですから，おもいじゅんに，オレンジ→りんご→キウイとなります。

答え (1) にんじん→きゅうり→ピーマン
(2) オレンジ→りんご→キウイ

23 よごれた メニュー ……………… P25

ねだんがたかいじゅんに，カレーライス，スパゲッティ，えびドリアなので，スパゲッティのねだんは，880円より安く，870円よりたかくなります。ですから，スパゲッティのねだんは874円であることがわかりますので，かくれている数字は87です。

答え 87

24 よこから 見た 形 ……………… P26

かべのほうから見たとき，下のだんから，じゅんにかんがえます。そのとき，おくにつみ木がならんでいても，かべがわから見ると1つに見える（おくのつみ木は見えない）ということに気をつけましょう。

下のだんは，いちばん左からつみ木が4こならんでいるように見えます。

まん中のだんは，いちばん左につみ木が1こあるように見えます。

上のだんは，いちばん左につみ木が1こあるように見えます。

ですから，つぎの図のように見えます。

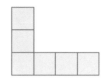

なので，こたえはⓐです。

答え ⓐ

25 もって いる カード ……………… P27

- 2＋ⓐ＋9＝15ですから，ⓐ＋11＝15
  ⓐは，15－11＝4となります。
- 1＋ⓘ＋ⓤ＝15ですから，ⓘ＋ⓤは，15－1＝14となります。

1から9までの数字で，たして14になる2つの数字は，5と9か，6と8です。

9はさりなさんが，5はゆずはさんがもっていますので，ⓘとⓤは，6と8であることがわかります。

- のこりの数字は3と7で3＋5＋7＝15となるので，ⓔとⓞは3と7であることがわかります。

答え ⓐ 4 ⓘ 6 ⓤ 8 ⓔ 3 ⓞ 7
（ⓘとⓤ，ⓔとⓞはそれぞれ入れかわってもよい。）

26 スタンプを おすと …………P28

スタンプはおすと，字が左右ぎゃくになります。
あ，い，う，えのスタンプをおすと，つぎのようになります。

ですから，おすと ⑤⑨ となるスタンプはい
だとわかります。

答え ⓘ

27 玉ころがし …………P29

玉は，つぎのようにおちます。

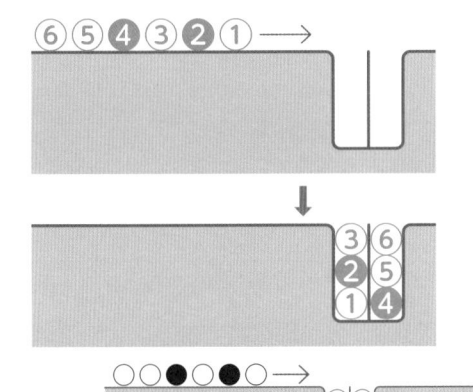

答え

28 どうぶつカード …………P30

(1) ひつじカードは左から6ばんめなので，ひ
つじカードの右にあるカードは，

10－6＝4（まい）

となり，図にあらわすとつぎのようになります。

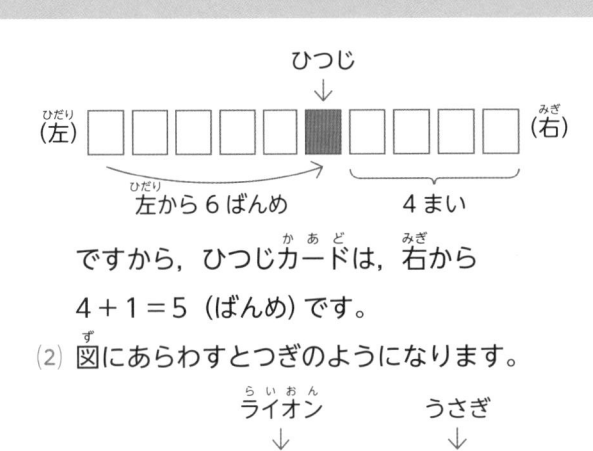

ですから，ひつじカードは，右から

4＋1＝5（ばんめ）です。

(2) 図にあらわすとつぎのようになります。

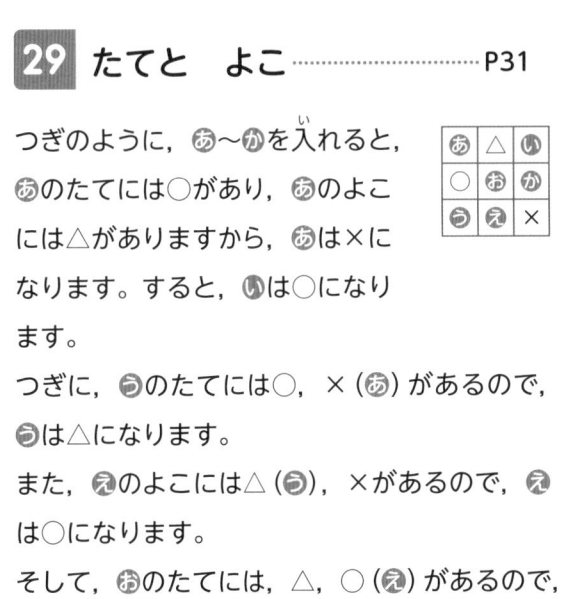

ですから，ライオンカードとうさぎカード
のあいだにあるカードは，10－5－2＝3
（まい）です。

答え (1) 5ばんめ (2) 3まい

29 たてと よこ …………P31

つぎのように，あ～かを入れると，
あのたてには○があり，あのよこ
には△がありますから，あは×に
なります。すると，いは○になり
ます。

あ	△	い
○	お	か
う	え	×

つぎに，うのたてには○，×（あ）があるので，
うは△になります。

また，えのよこには△（う），×があるので，え
は○になります。

そして，おのたてには，△，○（え）があるので，
おは×になります。

さいごに，かのよこには○，×（お）があるので，
かは△になります。

答え

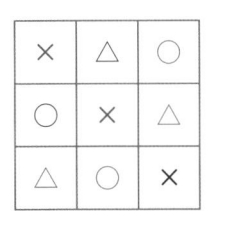

×	△	○
○	×	△
△	○	×

30 ぴったり かさなる ……………P32

❶の点線でおったとき，あとかさなるのは，点線をはさんではんたいがわにあるⒾです。

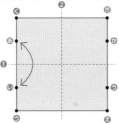

❷の点線でおったとき，あとかさなるのは，点線をはさんではんたいがわにあるⒻです。

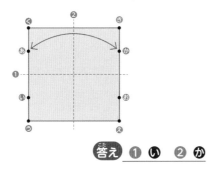

答え ❶ Ⓘ　❷ Ⓕ

31 よんだ 本の ページの 数 …P33

あ，Ⓘから，よんだページの数のおおいじゅんに，

まおさん→けんたさん→はるかさん

となります。

Ⓤから，ゆうきさんは，まおさんのつぎによんだページの数がおおいので，

まおさん→ゆうきさん→けんたさん

のじゅんになりますから，よんだページの数のおおいじゅんに，

まお
さん ➡ ゆうき
さん ➡ けんた
さん ➡ はるか
さん

となります。

答え まおさん→ゆうきさん→けんたさん→
はるかさん

32 形を くみあわせて ……………P34

❶は，つぎのようにくみあわせると形をつくることができます。

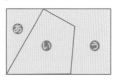

❸は，つぎのようにくみあわせると形をつくることができます。

❷は，どのようにくみあわせても形をつくることができません。

答え ❷

33 コインと こうかん ……………P35

(1) 金のコイン1まいはみかん4こ，どうのコイン1まいはみかん1ことこうかんできますから，4＋1＝5（こ）のみかんとこうかんできます。

(2) ぎんのコイン1まいがみかん2ことこうかんできますから，ぎんのコイン2まいは，みかん4ことこうかんできます。
ですから，金のコイン1まいとぎんのコイン2まいでは，4＋4＝8（こ）のみかんとこうかんできます。

答え (1) 5こ　(2) 8こ

34 うらがえすと……P36

うらがえすので，ひかれたせんの上下のいちがぎゃくになります。

(1) つぎの図のように，おもてであ，いとひいたせんは，うらがえすと下の図のようになります。

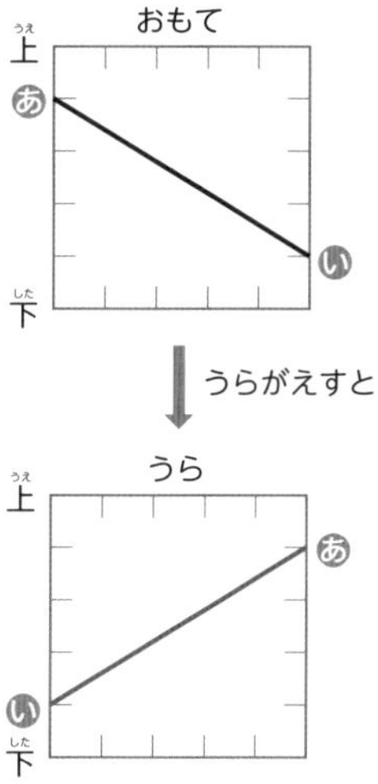

(2) つぎの図のように，おもてでう，えとひいたせんは，うらがえすと下の図のようになります。

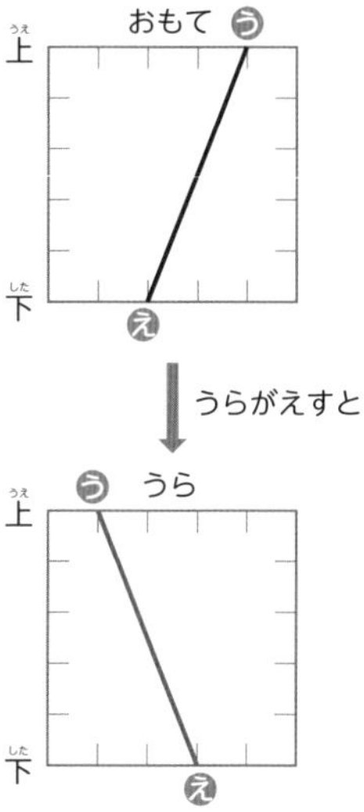

答え (1)

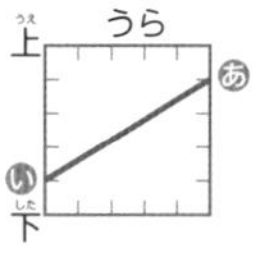

(2)

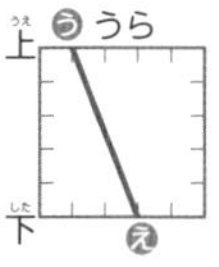

35 さいころの 目の 数……P37

(1) さいころのおもての目とうらの目の数をたすと7になりますから，5のうらの目の数は，
7－5＝2です。

(2) 4のうらの目の数は，7－4＝3です。
見えている目の数をたしたごうけいは，
1＋5＋4＝10
見えていない目の数をたしたごうけいは，
6＋2＋3＝11
ですから，見えていない目の数をたしたごうけいが，11－10＝1だけ大きくなります。

答え (1) 2
(2) 見えていない目の数が1だけ大きい

ステップ2

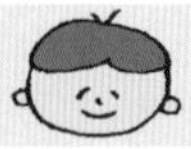

36 1，2，3，4の 数字……P38

(1) あのよこのれつに2と4があり，たてのれつに1があるので，あは1，2，4いがいの数です。ですから，あは3です。

2	あ	4	
			3
	1	3	
3			

(2) いちばん左のたてのれつをかんがえると，いには1か4が入ります。いのよこは1なので，いは4です。

2	あ3	4	
			3
い	1	3	
3			

(3) 左下の4つのマスをかんがえると，うの左のマスには2が入ります。

2	③3	4	
			3
⑤4	1	3	
3	2	う	

うのよこのれつに2と3があり，たてのれつに4と3があるので，うは，2，3，4いがいの数です。ですから，うには1が入ります。

答え (1)3 (2)4 (3)1

37 かげ絵あそび ·············· P39

組み合わせたブロックの形とかげ絵の形をくらべます。

(1)

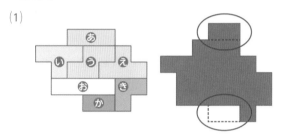

○をつけたぶぶんがちがいます。ですから，かをうごかしたとわかります。

(2)

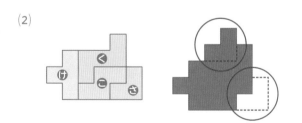

○をつけたぶぶんがちがいます。ですから，さをうごかしたとわかります。

答え (1) か (2) さ

38 家に 帰ろう ·············· P40

たくみさんとれいかさんはつぎのようにすすみます。

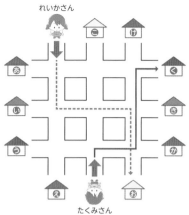

答え たくみさん… く れいかさん… お

39 くふうして 数えよう ······· P41

たとえば，つぎのように，10こずつ○でかこんで数えると，数えまちがいがなくなります。

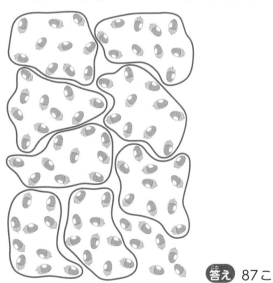

答え 87こ

40 おもさくらべ ·············· P42

もんだいの左の図を見ると，おなじ○のはこがあります。○のはこをどちらからもとると，×のはこのほうが□のはこより，おもいことがわ

かります。

もんだいの右の図を見ると，おなじ×のはこが
あります。×のはこをどちらからもとると，□
のはこのほうが○のはこより，おもいことがわ
かります。

このことから，×のはこがいちばんおもく，○
のはこがいちばんかるいとわかります。

答え （おもいじゅんに，）×→□→○

41 ひっ算を　つくろう P43

(1) つぎのように，それぞれの□をあ，いとし
ます。一のくらいの計算は，あ＋2＝3な
ので，あには1が入ります。

$$
\begin{array}{r}
7\ \boxed{あ} \\
+\ \boxed{い}\ 2 \\
\hline
1\ \ 2\ \ 3
\end{array}
$$

十のくらいの計算は，7＋い＝12
なので，いには5が入ります。

(2) つぎのように，それぞれの□をか，きとし
ます。

$$
\begin{array}{r}
\boxed{か}\ 9 \\
+\ \ 3\ \boxed{き} \\
\hline
1\ \ 2\ \ 3
\end{array}
$$

9にどんな数をたしても3になることはな
いので，くり上がることがわかります。で
すから，一のくらいの計算は，
9＋き＝13です。
すると，きには4が入ります。
十のくらいの計算は，くり上がった1もあ
わせて，1＋か＋3＝12
なので，かには8が入ります。

答え (1)
$$
\begin{array}{r}
7\ \boxed{1} \\
+\ \boxed{5}\ 2 \\
\hline
1\ \ 2\ \ 3
\end{array}
$$
(2)
$$
\begin{array}{r}
\boxed{8}\ 9 \\
+\ \ 3\ \boxed{4} \\
\hline
1\ \ 2\ \ 3
\end{array}
$$

42 形を　つくろう P44

大きい形からあてはめていくと，見つけやすく
なります。

(1)

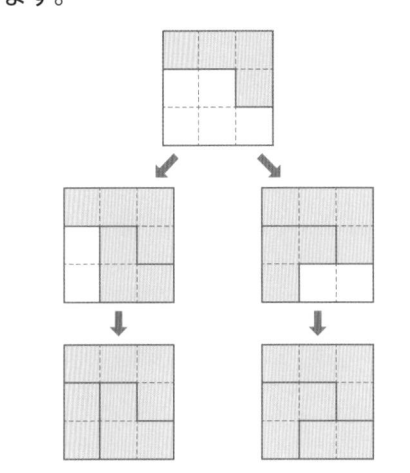

たとえば，上のようにつくることができます。
このほかにも，いくつかのつくりかたがかん
がえられます。

(2)

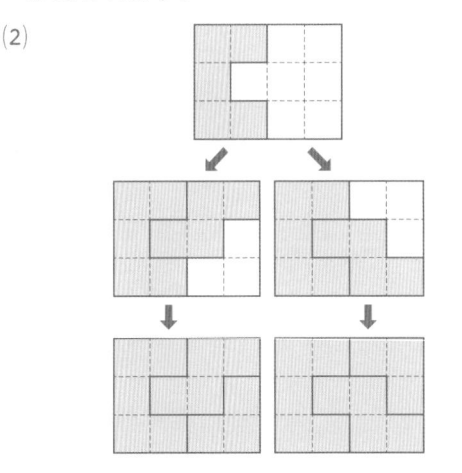

たとえば，上のようにつくることができます。
このほかにも，いくつかのつくりかたがかん
がえられます。

答え (1)

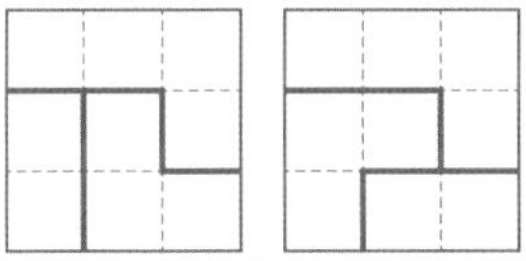

など

(2)

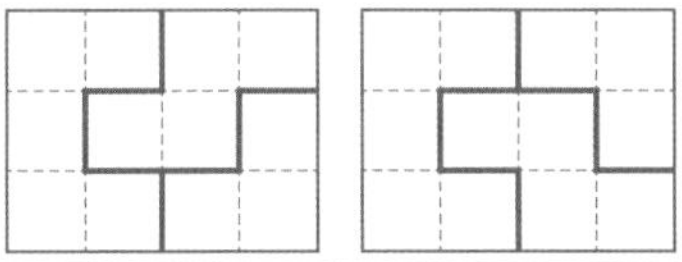

など

84

43 数字が かかれた つみ木 ····· P45

(1) [れい] で2回ころがしたので，3回ころが
すと，上のめんは3です。

(2) [れい] と(1)より，

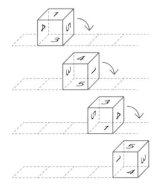

ですから，1＋4＋3＋5＝13です。

答え (1)3 (2)13

44 4まいの カード ····· P46

カードのおもてとうらの数をたすと12になり
ますから，それぞれのカードのうらの数字は下
のようになります。

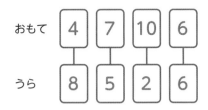

おもて	4	7	10	6
うら	8	5	2	6

(1) 4のうらは8，6のうらは6です。

(2) ならべたカードのうらの4つの数をたすと，
8＋5＋2＋6＝21となります。

答え (1) 4のうら…8 6のうら…6

(2) 21

45 おなじ もよう ····· P47

(1) ▲が右上にくるようにまわします。

(2) ■が左上にくるようにまわします。

(3) ななめの線が右上にくるようにまわします。

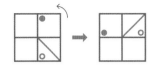

答え (1) | | ▼ |
| | ◁ |
(2) | ■ | ◎ |
| △ | ▼ |
(3) ● | 線
| ○

46 ガムと クッキー ····· P48

(1) 黒いはこのガムは，6こたして11こになっ
たのですから，はじめに黒いはこに入って
いたガムは，

11－6＝5（こ）

また，黒いはこのクッキーは，8こたして
15こになったのですから，はじめに黒いは
こに入っていたクッキーは，

15－8＝7（こ）

(2) はじめに赤いはこに入っていたガムは17こ，
はじめに黒いはこに入っていたガムは5こ
ですから，ガムはぜんぶで，

17＋5＝22（こ）

はじめに赤いはこに入っていたクッキーは
12こ，はじめに黒いはこに入っていたクッ
キーは7こですから，クッキーはぜんぶで，

12＋7＝19（こ）

ですから，ガムのほうがクッキーよりおおく入っていて，ちがいは，22 − 19 = 3（こ）です。

47 おりがみの　おり目 ……………P49

矢じるしのほうへひらきますから，つぎのようになります。

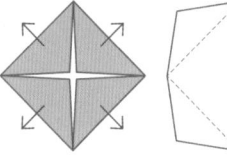  

答え

48 カレンダーの　日にち ………P50

1週間は7日なので，ある週のある日にちに7をたすと，つぎの週の同じ「曜日」の日にちになり，7をひくと，前の週の同じ「曜日」の日にちになります。
この月の2日は火曜日なので，つぎの日（あの前の週）の水曜日は3日です。

ですから，あは，
　3 + 7 = 10（10日）
この月の24日は水曜日なので，いとうの間の火曜日は23日です。

ですから，いは，
　23 − 7 = 16（16日）
うは，
　23 + 7 = 30（30日）

答え あ 10　い 16　う 30

49 たして　みよう ……………………P51

1から7までの数をぜんぶたすと，
1 + 2 + 3 + 4 + 5 + 6 + 7 = 28
となります。これを2つにわけたしきがおなじ大きさになっているので，14 + 14 = 28より，左のしきと右のしきのこたえはどちらも14になります。

　あ + 3 + い + 6 = 14
　う + 5 + え = 14

ここであ～えにあてはまる数をかんがえます。
　あ + い = 14 − 3 − 6 = 5
　う + え = 14 − 5 = 9

ですから，かき入れる数の1，2，4，7のうち，あ + い = 5，う + え = 9になるくみあわせは，あといが1と4（4と1），うとえが2と7（7と2）しかありません。
ですから，
　1 + 3 + 4 + 6 = 2 + 5 + 7 となります。

答え 1 + 3 + 4 + 6 = 2 + 5 + 7
（1と4，2と7はそれぞれぎゃくでもよい。）

50 おなじ つみ木は どれ？ P52

もとのつみ木とおなじになるのは，つぎのように**あ**と**え**です。

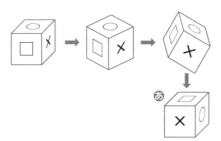

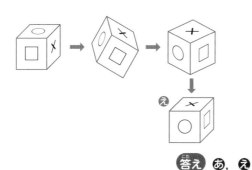

答え **あ**，**え**

51 りんごと みかんを ならべて …P53

(1) みかんは**み**，りんごは**り**としてならべます。

	み	り	み	み	り	み	み	り	み	み	り	み
左から なんばん目	1	2	3	4	5	6	7	8	9	10	11	12

み	り	み	み	り	み	み	り	み	み	り	み
13	14	15	16	17	18	19	20	21	22	23	24 …

16ばん目はみかんとわかります。

(2) 上の図で，24ばん目までの中のみかんを数えると，16こあります。

答え (1) みかん (2) 16こ

52 子どもの れつ …………… P54

つぎのように，図にするとわかりやすくなります。

---

(1)

まさとさん
↓
(まえ) ○○○●○○○○○○○○○ (うしろ)

まえから4ばん目　うしろから9ばん目

ですから，うしろから9ばん目です。

(2)

まさとさん　　　　くみさん
↓　　　　　　　　↓
(まえ) ○○○●○○○○○●○○ (うしろ)

5人　うしろから3ばん目

ですから，まさとさんとくみさんのあいだには，5人います。

答え (1) 9ばん目 (2) 5人

53 矢じるしの ほうから 見ると……P55

(1) 下のだんと上のだんにわけて，矢じるしのほうから見た形をかんがえます。

下のだんは，

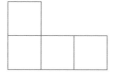

のように見えます。
これに上のだんをたすと，

のように見えますから，答えは**え**です。

(2) (1)とおなじようにかんがえます。

下のだんは，

のように見えます。
これに上のだんをたすと，

のように見えます。

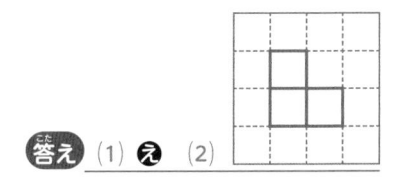

答え (1) え (2)

54 カードを かえると… ………P56

(1) ★ 1まいは ■ 5まいとかえることができ，■ 1まいは ● 5まいとかえることができます。■ 5まいをぜんぶ ● にかえると，

5＋5＋5＋5＋5＝25（まい）

（かけ算をならっているばあいは，
5×5＝25と計算できます。）

(2) ☀ 1まいは ★ 5まいとかえることができますから，「☀ 1まいと ★ 2まい」は「★ 7まい」とおなじことになります。

★ 1まいは ■ 5まいとかえることができますから，★ 7まいをぜんぶ ■ にかえると，

5＋5＋5＋5＋5＋5＋5＝35（まい）

（かけ算をならっているばあいは，
5×7＝35と計算できます。）

答え (1) 25まい (2) 35まい

55 テストの けっか ………P57

(1) もんだいのひょうのあはたくやさんの国語の点数で，もんだいの図の たくや とかかれたところを下にたどると，4点とわかります。いはごろうさんの算数の点数で，ごろう とかかれたところをよこにたどると2点とわかります。

う，えのくみさんの点数もおなじようにたどると，算数も国語も9点とわかります。

(2) つぎの図のように➡と⬆をたどっていけば名まえの入る場所がわかります。

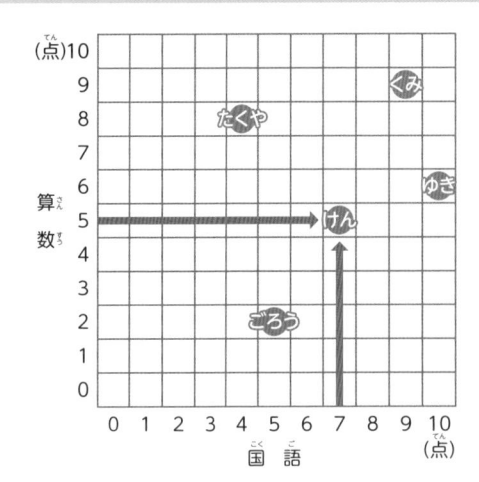

答え (1) あ4 い2 う9 え9

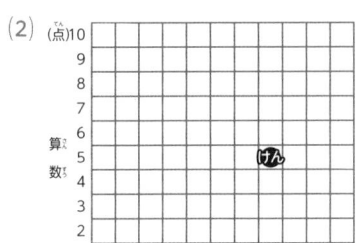

56 かけっこ ………P58

ヒント❶，❷から，

•みきさんはまことさんより先
•つよしさんはまことさんより先

にそれぞれゴールしたことがわかります。また，ヒントの❸より，みきさんはいちばんでゴールしませんでしたから，つよしさんがいちばんでゴールしたことがわかります。

答え （ゴールしたじゅんに，）

つよしさん→みきさん→まことさん

57 ふくろと おかし ………P59

ふくろの中には，ビスケットのほうが，せんべいより3まいおおく入っていますから，ビスケットを3まいおおくとり出さないといけませ

ん。そこで，まずビスケットを3まいとり出します。

のこりの5－3＝2（まい）は，それぞれ1まいずつにわけてとり出します。

ですから，ビスケットは，1＋3＝4（まい），せんべいは1まいとり出すことになります。

ビスケット ○○○○○ ○○○
せんべい ●●●●● ●

ビスケットとせんべいの数のちがいは3まいだったので，ビスケットをせんべいよりも3まいおおくとり出したとかんがえます。

答え ビスケット…4まい　せんべい…1まい

58 色を かえて まわすと？……P60

❶では，つぎのように，黒を白に，白を黒にかえます。かえわすれのないようにちゅういしましょう。

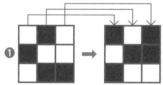

❷では，❶の図を上と下がさかさまになるようにまわします。つぎのように，あ～えとかいてまわすとわかりやすくなります。

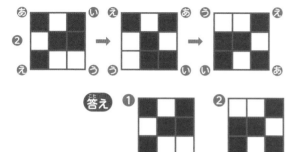

答え ❶ ❷

59 りんごと みかん………P61

はるきさんは，左から5ばん目と11ばん目と17ばん目のりんごをとると，ちょうど3こになります。さらさんは17ばん目のりんごまでに，2ばん目と8ばん目と14ばん目のりんごをとりますから，3こです。

答え 3こ

60 3月の カレンダー……P62

⑴ 5と15と25につかいますから，3こいります。

⑵ 3月と3と13と23と30と31につかいますから，6こいります。

⑶ 6と9と16と19と26と29につかいますから，6こいります。

⑷ 1か2がおおいことはすぐにわかります。1は，1，10，11（1が2こ），12，13，14，15，16，17，18，19，21，31につかいますから，14こいります。

2は，2，12，20，21，22（2が2こ），23，24，25，26，27，28，29につかいますから，13こいります。

ですから，いちばんおおくつかう数字は1で，14こいります。

答え ⑴ 3こ　⑵ 6こ　⑶ 6こ
⑷ いちばんおおくつかう数字…1
つかう数…14こ

61 どうぶつ村の マラソン大会………P63

それぞれのしゃしんをあ，い，う，え，おとして，走っていたじゅんばんをかんがえます。

ⓐ

ⓘ　　　ⓤ

ⓔ　　　ⓞ

1ばん目にゴールしたのは「りす」ですから，ⓐのしゃしんから，「りす」→「ぶた」とわかり，ⓞのしゃしんを見ると「ぶた」がいますから，「ぶた」→「さる」→「いぬ」とわかります。

つぎに，ⓘのしゃしんを見ると「いぬ」がいますから，「いぬ」→「ねこ」とわかり，ⓔのしゃしんを見ると「ねこ」がいますから，「ねこ」→「パンダ」とわかります。

つぎに，ⓤのしゃしんを見ると「パンダ」がいますから，「パンダ」→「うさぎ」とわかります。ですから，じゅんばんにならべると，「りす」→「ぶた」→「さる」→「いぬ」→「ねこ」→「パンダ」→「うさぎ」となり，5ばん目は「ねこ」だとわかります。

答え ねこ

62 計算しよう ……………… P64

(1) えんぴつ1本のねだんは，
42 ＋ 6 ＝ 48（円）ですから，けしゴム1こ
とえんぴつ1本では，42 ＋ 48 ＝ 90（円）

(2) おかしはぜんぶで，
5 ＋ 5 ＋ 5 ＋ 5 ＋ 5 ＋ 5 ＋ 5 ＝ 35（こ）です。
（かけ算をならっているばあいは，5×7＝35と計算できます。）

10こ食べたので，のこりは，
35 － 10 ＝ 25（こ）

答え (1) 90円　(2) 25こ

63 とりわけた　ケーキ ……………… P65

どのようなきまりでフルーツがのっているかをかんがえます。

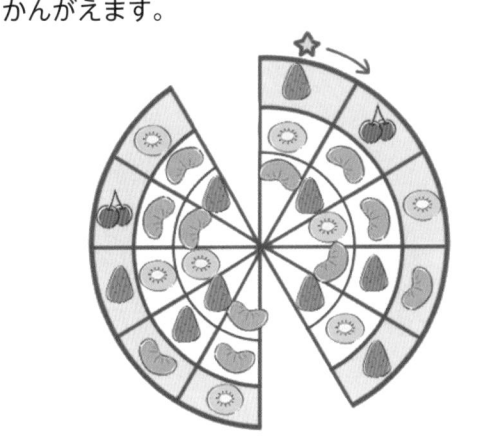

ケーキの外がわ（こい色のついたところ）は，☆のところから矢じるしのむきに，いちご→さくらんぼ→キウイ→みかん→いちご→…のじゅんでならんでいます。

まん中（うすい色のついたところ）は，キウイ→みかん→みかん→いちご→キウイ→…のじゅんでならんでいます。

内がわ（色のついていないところ）は，みかん→いちご→キウイ→みかん→いちご→…のじゅんでならんでいます。

(1) 外がわは，キウイのつぎはみかん，まん中は，みかん→みかんとつづいてつぎはいちご，内がわは，いちごのつぎはキウイのじゅんでならんでいるので，外がわから，みかん，いちご，キウイがのっているⓐです。

(2) 外がわは，いちごのつぎはさくらんぼ，まん中は，キウイのつぎはみかん，内がわは，いちごのつぎはキウイのじゅんでならんでいるので，外がわから，さくらんぼ，みかん，

キウイがのっている**お**です。

答え (1) **あ** (2) **お**

64 だれでしょう？ ·············P66

ヒント**②**と**③**から，けんたさんのとなりには，ともやさんとしょうごさんがいます。

ですから，3人は，

ともやさん－けんたさん－しょうごさん

しょうごさん－けんたさん－ともやさん

のどちらかのじゅんでならんでいます。どちらもけんたさんがまん中にきます。

このことからけんたさんは**い**，**う**，**え**，**お**にしぼられます。さらに，ヒント**①**から，けんたさんは**い**か**え**のどちらかとわかり，ヒント**④**から，しょうごさんは**う**とわかります。

けんたさんが**い**とすると，ヒント**⑤**にあいません。ですから，けんたさんは**え**，ともやさんは**お**とわかります。

答え けんたさん…**え**　しょうごさん…**う**
ともやさん…**お**

65 テストの　点数 ·············P67

点数をせんであらわす図をつくりましょう。

(1) 1回目から4回目までをせんであらわしてみると，つぎのようになります。

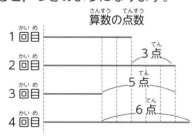

図より，4回目がいちばんたかかったことがわかります。

(2) 1回目から4回目までをせんであらわして

みると，つぎのようになります。

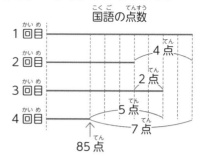

図より，1回目の点数は4回目の点数より，7点上だったので，85＋7＝92（点）です。

答え (1) 4回目 (2) 92点

66 1れつに　ならぼう ·············P68

りゅうじさんのはなしから，りゅうじさんはまえから5ばん目で，りゅうじさんとじゅんこさんのあいだには5人いることから，じゅんこさんはりゅうじさんよりうしろにいることがわかります。図にかくと，つぎのようになります。

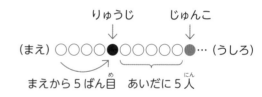

ななこさんとじゅんこさんのはなしもあわせると，つぎのような図になります。

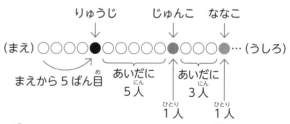

図より，5＋5＋1＋3＋1＝15（人）となり，ななこさんはまえから15ばん目とわかります。

答え 15ばん目

67 ふくろと くだもの …………P69

(1) いま入っている数から，うつした数をひけばよいのです。

7こうつしたので，はじめに赤いふくろに入っていたりんごは，12−7＝5（こ）です。

また，みかんは，青いふくろから赤いふくろに3こうつしたので，9−3＝6（こ）です。

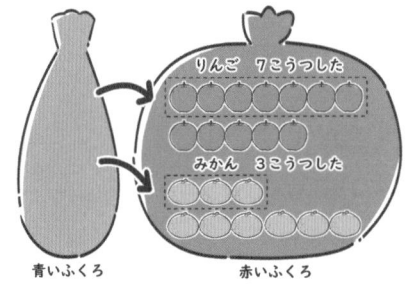

青いふくろ　　　赤いふくろ

(2) 黄色いふくろの中には，なしのほうが，かきより1こおおく入っていますから，なしを1こおおくとり出さないといけません。

のこりの，5−1＝4（こ）は，なしとかきはおなじ数ずつとり出すとおなじになります。

ですから，なしは，2＋1＝3（こ），かきは2ことり出したことになります。

答え (1) りんご…5こ　みかん…6こ
　　　 (2) なし…3こ　かき…2こ

68 かがみに うつすと …………P70

かがみは左右がはんたいにうつります。

男の子は左手を上げていますから，かがみにうつすと，右手を上げているように見えます。

また，右手に犬のひもをもっていて，犬が右にいて男の子がいるほうとはんたいのほうをむいていますから，かがみにうつすと，左手に犬のひもをもっていて，犬が左にいて男の子がいるほうとはんたいのほうをむいているように見えます。

答え う

69 ミニテスト …………P71

算数と国語の点数がおなじだった人は，つぎの図の ▢ の中に入っています。これをあわせると，

1＋2＋1＋1＋2＋1＝8（人）

になります。

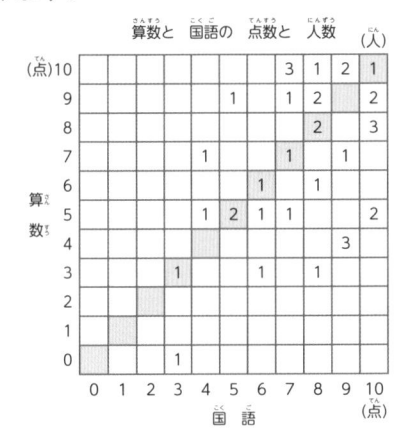

答え 8人

70 さいころの 形の はこ …………P72

たとえば，上から見てつぎの図のようなとき，太せんでかこんだあなの中には，はこが1こ入ります。

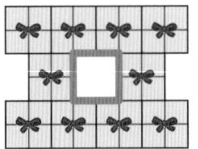

このようにかんがえると，もんだいのあなのあいているぶぶんに入るはこの数は，下のようになります。

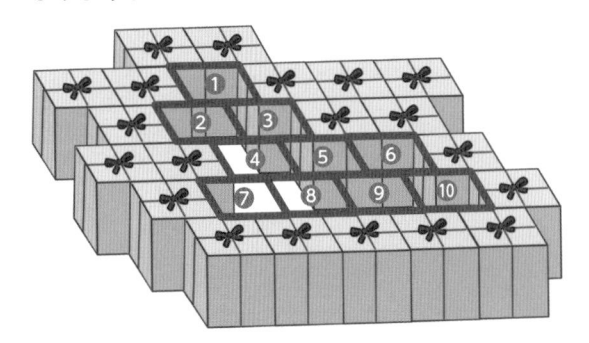

答え 10こ